Wireless Sensor Networks

无线传感器网络：

路由协议与数据管理

■ 蒋畅江　向敏　编著

人民邮电出版社

北 京

图书在版编目（ＣＩＰ）数据

无线传感器网络：路由协议与数据管理 / 蒋畅江，向敏编著. -- 北京：人民邮电出版社，2013.8
ISBN 978-7-115-31651-6

Ⅰ．①无… Ⅱ．①蒋… ②向… Ⅲ．①无线电通信－传感器 Ⅳ．①TP212

中国版本图书馆CIP数据核字(2013)第124227号

内 容 提 要

本书较为全面地介绍了无线传感器网络的关键技术，特别是无线传感器网络路由协议的设计及数据管理等领域的核心技术，重点研究了无线传感器网络的分簇策略、路由算法及节点数据管理技术。本书大部分内容是作者近年来在本领域的研究成果，并提供了详细的参考文献。

全书分为三部分，共9章：第一部分是无线传感器网络的概述，即第1章，介绍无线传感器网络的基本概念、系统结构、体系结构、特点、关键技术和应用前景等；第二部分是无线传感器网络路由协议研究，包括第2章～第6章，介绍基于PSO的两层分簇路由协议、基于PSO的非均匀分簇路由协议、分布式非均匀分簇路由协议和基于参数优化的分簇算法等内容；第三部分是无线传感器网络数据管理研究，包括第7章～第9章，介绍基于感知数据综合支持度的节点分类算法和面向数据收集的节点数据预测算法等内容。

本书以全新的视野、翔实的资料，深刻阐述了无线传感器网络领域的一些新问题、解决问题的方案和工程应用开发的设计方法。本书既可以作为研究生和大学本科高年级学生的教学参考书，也可以供相关领域的工程技术人员阅读参考。

◆ 编　著　蒋畅江　向　敏
　　责任编辑　刘　博
　　责任印制　彭志环　杨林杰

◆ 人民邮电出版社出版发行　　北京市崇文区夕照寺街 14 号
　　邮编　100061　电子邮件　315@ptpress.com.cn
　　网址　http://www.ptpress.com.cn
　　中国铁道出版社印刷厂印刷

◆ 开本：787×1092　1/16
　　印张：10.5　　　　　　　　　2013 年 8 月第 1 版
　　字数：259 千字　　　　　　　2013 年 8 月北京第 1 次印刷

定价：48.00 元

读者服务热线：**(010)67170985**　印装质量热线：**(010)67129223**
反盗版热线：**(010)67171154**

　　无线传感器网络（wireless sensor networks，WSNs)是当前在国内外备受关注的、涉及多学科高度交叉、知识高度集成的前沿热点研究领域。无线传感器网络能够拓展人类的信息获取能力，将客观上的物理世界和逻辑上的信息世界联系起来，具有十分广阔的应用前景，受到学术界和工业界的高度重视。

　　无线传感器网络作为信息领域新的研究热点，有非常多的关键技术有待发现和研究，路由技术就是其中之一。传感器节点的计算能力、存储能力、通信能力以及携带的能量都十分有限，每个节点只能获取局部网络的拓扑信息；网络拓扑结构动态变化，网络资源也在不断变化。这些特点使得许多成熟的路由技术不适合于无线传感器网络，迫切需要根据其自身特点研究合适的路由协议。分簇路由具有拓扑管理方便、能量利用高效、数据融合简单等优点，成为无线传感器网络当前重点研究的路由技术。数据管理是无线传感器网络的另一个关键技术。传感器节点是一个独立的计算和控制单元，能够实现自身的数据管理，即数据感知、分析、转发以及自身状态的控制，或者是与其他节点协同完成数据管理。节点数据管理是无线传感器网络数据管理的组成部分，它与网络拓扑结构、节点自身特性以及节点感知数据密切相关。通过对节点数据的有效管理，能为查询者提供可靠数据，减少通信中不必要的广播能耗和数据转发能耗，从而提高整个网络能量利用效率和延长网络寿命。

　　本书是作者从事多年的无线传感器网络路由协议和数据管理相关科研工作实践的结晶。路由协议侧重于分簇路由技术的研究，重点是通过网络分簇优化及网络分簇和簇间路由的有机结合，缓解或避免由于传感器节点能耗不均所导致的网络"热点"问题（hot-spots problem）和"能量空洞"现象（energy-hole phenomenon），构建能量高效均衡的无线传感器网络分簇路由协议。数据管理着重从节点数据管理特点、网络拓扑控制、节点分类管理和节点感知数据预测四个方面进行了比较系统的研究。本书由重庆邮电大学蒋畅江组织撰写和统稿，共分为三个部分（9个章节）：第一部分是无线传感器网络的概述，即第1章，由蒋畅江撰写；第二部分是无线传感器网络路由协议研究，包括第2章～第6章，其中第2章～第5章由蒋畅江撰写，第6章由向敏撰写；第三部分是无线传感器网络数据管理研究，包括第7章～第9章，由向敏撰写。

　　本书的完成要特别感谢作者的博士生导师石为人教授，恩师引导作者从事无线传感器网络技术的研究，并鼓励作者一直坚持自己的研究方向。作者还要感谢重庆邮电大学胡向东教授为本书的撰写提供的指导和建议。本书的出版受到重庆邮电大学出版基金资助，并得到重庆市科委自然科学基金项目（CSTC2011jjA40028）、重庆市教委科学技术研究项目（KJ100511）、重庆邮电大学博士启动基金项目（A2011-43）和重庆邮电大学自然科学基金项目（A2011-17）的资助。

限于作者的水平和学识，书中难免存在疏漏和错误之处，诚望读者不吝赐教，作者不胜感激，并将及时修正。

作　者
2013 年 3 月于重庆

目　录

第3篇 无线传感器网络数据管理

第1篇

概　　述

第 **1** 章　无线传感器网络概述

1.1　无线传感器网络的基本概念

随着传感器技术、嵌入式计算技术、分布式信息处理技术和通信技术的迅速发展，无线传感器网络（Wireless Sensor Networks，WSNs）应运而生[1]。普适计算模式（Ubiquitous Computing）[2-4]和泛在网络（Ubiquitous Network）[5-6]的提出使大量研究者认识到 WSNs 的巨大作用和广阔的应用前景，从而更加关注其技术的研究与发展[7-11]。WSNs 是由密集部署在监控区域内的大量微型传感器节点构成的一种网络应用系统，能够协作地感知、采集和处理网络覆盖区域中环境或监测对象的信息，这些信息通过无线方式被发送，并以自组多跳的网络方式传送到用户终端，从而实现了物理世界、计算世界以及人类社会三元世界的连通[7-8]。WSNs 最初是在军事领域提出的，随着技术的发展，其应用前景已经由军事领域扩展到环境监测、交通管理、医疗保健、制造业和反恐抗灾等其他众多领域，能完成传统系统无法完成的任务[9-10]。

1.2　无线传感器网络的系统结构

无线传感器网络典型的体系结构如图 1.1 所示，由大量传感器节点（Sensor Node）、汇聚节点（Sink Node）或基站（Base Station，BS）、互联网（Internet）或通信卫星、任务管理节点等部分组成的一个多跳的自组织的网络系统[11-12]。传感器节点通常是一个微型的嵌入式系统，由携带的电池供电，能量十分有限，且计算能力、存储能力和通信能力较弱。相比之下，汇聚节点或基站的处理能力、存储能力和通信能力较强，能量一般不受限制，可以把收集到的数据通过卫星信道或者有线网络连接的方式发送到远程管理节点。用户通过管理节点对 WSNs 进行配置和管理，发布监测任务以及查询监测数据。

由于 WSNs 节点数量众多，部署时一般采用随机投放的方式（如飞机播撒），传感器节点的位置不能预先确定；在任意时刻，节点间通过无线信道连接，采用多跳（Multi-hop）或单跳（One-hop）通信方式，自组织网络拓扑结构；传感器节点间具有很强的协同能力，通过局部的数据采集、预处理以及节点间的数据交换来完成全局任务[13]。微型传感器节点的典型结构如图 1.2 所示，由传感器模块、模数（AD）转换模块、处理器模块、射频模块和电源管理模块组成。传感器模块负责采集周边环境中用户感兴趣的多种物理信号，如温度、湿度、噪声中地震波等；AD 转换模块实现模拟信号和数字信号的转换；处理器模块负责控制整个传感器节点的数据采集、存储和处理；射频模块（无线通信模块）负责节点间的无线通信；电源管理模块为传感器节点提供运行所需的能量，通常采用微型电池供电。

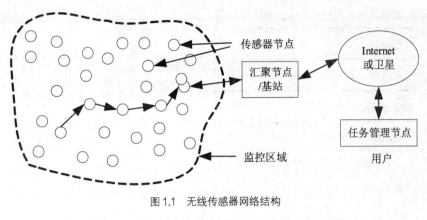

图 1.1　无线传感器网络结构

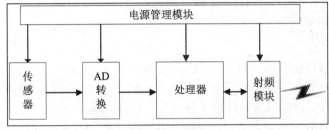

图 1.2　典型的传感器节点组成

汇聚节点则与传感器节点有所不同，该节点计算能力强、存储空间大，无线通信能力和抗干扰能力也很强，它可以连续获得能量，因此寿命长。一个 WSNs 系统中可能有一个或多个汇聚节点，一般情况位于网络外部。汇聚节点的主要作用是发布数据收集指令，控制网络中各节点的行为，监测网络运行状况，处理各节点采集的数据（如聚合计算），形成用户所需的有价信息；汇聚节点同时兼具互联网的终端身份，因此，互联网上的授权用户可以与其联系，获取监控区域的数据。

1.3　无线传感器网络的体系结构

网络体系结构是网络的协议分层以及网络协议的集合，是对网络及其部件所应完成功能的定义和描述。对 WSNs 来说，其网络体系结构不同于传统的计算机网络和有线通信网络[14-18]。WSNs 体系结构可以表示为如图 1.3 所示的结构[7]。该网络体系结构由分层的网络通信协议、网络管理技术以及应用支撑技术 3 部分组成。分层的网络通信协议结构类似于 Internet 的 TCP/IP 协议体系结构；网络管理技术主要是对传感器节点自身的管理以及用户对网络的管理；在分层通信协议和网络管理技术的基础上，支持了 WSNs 的应用支撑技术。

分层的网络通信协议由物理层、数据链路层、网络层、传输层和应用层组成。物理层负责数据的调制、发送与接收；数据链路层负责数据成帧、帧检测、媒体访问和差错控制；网络层主要负责路由生成与路由选择，支持多传感器节点协作完成大型感知任务。

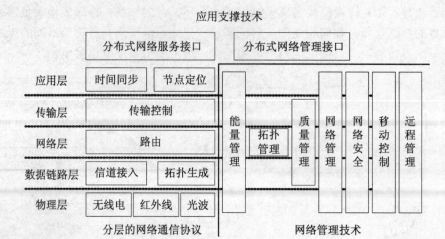

图1.3　无线传感器网络体系结构

1.4　无线传感器网络的特点

目前常见的无线网络中移动自组网（Mobile Ad-hoc Network）与 WSNs 最为相似。Ad-hoc 网络是一个由几十个到上百个地位平等的节点组成的、能够快速自动组网的、多跳的对等式无线移动网络，其节点通常具有持续的能量供给。Ad-hoc 网络的首要目标是通过动态路由和移动管理技术传输具有服务质量要求的多媒体信息流。与 Ad-hoc 网络以及其他传统网络相比，WSNs 具有以下特点[9, 19-23]。

1. 传感器节点资源和能力严重受限

传感器节点体积微小，携带的电池能量十分有限，且能源的补充不经济或不现实；并且，WSNs 的节点数目庞大（上千甚至上万），其应用必然要求节点的成本低廉。这两方面的因素决定了节点的计算能力、存储能力和通信能力都十分有限。因此，WSNs 的首要设计目标是能量的高效使用，这是 WSNs 区别于传统网络最重要的特点之一。

2. 应用相关

与传统网络不同，WSNs 是一个应用相关网络。不同的 WSNs 应用面临不同的自然环境，涉及的物理量也是多种多样，不尽相同，因此对应用系统也有着不一样的要求，导致不同的节点硬件平台、软件系统和网络协议。WSNs 不能像传统网络（如 Internet）一样采用规范统一的技术标准，必须针对具体应用来研究 WSNs 技术，这是 WSNs 的一个重要特点。

3. 以数据为中心

无线传感器网络是一个以数据为中心的网络，不同于以地址为中心的互联网。对于观测者来说，只关心被观测对象的数据，而不关心数据具体来自哪个传感器节点。WSNs 中的节点采用节点编号标识，节点编号是否需要全网只取决于网络通信协议的设计，且节点编号与节点位置没有必然联系。WSNs 这种以数据为中心的思想更接近于自然语言交流的习惯，便于对数据进行查询和操作。

4. 自组织

在 WSNs 应用中，传感器节点通常被部署在没有任何基础设施的环境中。节点的地理位置不能预先设定，节点之间的相邻关系预先也不知道。这就要求节点具有自组织的能力，能够自动进行配置和管理，通过拓扑控制机制和网络协议自动形成转发监测数据的多跳网络系统，并能够自动调整以适应节点的移动、加入和退出，节点剩余能量以及无线传输范围的变化等。

5. 动态拓扑

无线传感器网络的拓扑结构可能因为下列原因而改变：传感器节点、感知对象和观察者的移动；节点因为电池能量耗尽或其他故障，退出网络运行；新节点的加入；环境条件变化造成无线通信链路带宽变化，甚至时断时通。这就要求 WSNs 系统能够适应这些变化，具有动态的系统可重构性。

6. 高可靠性要求

无线传感器网络经常部署于野外自然环境，工作条件较为恶劣，偶然因素多。因此，要求传感器节点坚固、不易损坏，适应各种恶劣环境条件；同时，WSNs 的软硬件必须具有鲁棒性和容错性，以应对随时可能出现的网络拓扑结构变化和各种外界干扰。

7. 大规模网络

为了获取精确信息和提高 WSNs 系统的可靠性，通常在监测区域内密集部署大量的传感器节点，其数量可能达到成千上万，甚至更多。WSNs 的大规模性包括两方面的含义：一方面是指节点分布的地理区域范围很大；另一方面是指节点分布的密度很大。WSNs 的大规模性使得获取的信息具有更大的信噪比，系统具有更强的容错性能，并且能够提高监测的精确度，增大覆盖的监测区域，减少洞穴或者盲区。

1.5　无线传感器网络的关键技术

作为当今信息领域新的研究热点，WSNs 涉及多学科高度交叉、知识高度集成，有很多关键技术有待研究和解决。下面列举与本文研究内容相关的部分关键技术[20, 28-29]。

1. 网络拓扑控制

如 1.3 小节所述，WSNs 是自组织网络，且拓扑结构可能因为多种因素随时改变，因此，网络拓扑控制对 WSNs 具有特别重要的意义。通过拓扑控制生成良好的网络拓扑结构，能够提高路由协议和媒体访问控制（Media Access Control，MAC）协议的效率，有利于节省传感器节点能量，从而延长网络的生存时间，并可为数据融合、时间同步和目标定位等很多方面奠定基础。

2. 网络协议

无线传感器网络的特点对网络协议提出了新的要求，这些特点包括：（1）传感器节点一般体积微小，携带的能量十分有限，且运算能力、储存能力和通信能力都很弱；（2）受节点能力的限制，WSNs 的网络协议不能太复杂，且一般只能基于局部网络的拓扑信息；（3）WSNs 是一个动态网络，拓扑结构动态变化，网络资源也在不断变化；（4）WSNs 是应用相关的网络，不同的应用对网络协议有着不同的要求。上述的特点使得 WSNs 的网络协议不同于传统的有线和无线网络，必须针对 WSNs 自身的特点和要求进行研究，目前研究的重点是数据链路层协议和网络层协议。WSNs 的网络协议负责使各个独立的节点形成一个多跳的数据传输网络，数据链路层的 MAC 协议用来构建底层的基础结构，控制传感器节点的通信过程和工作模式；网络层的路由协议决定数据的传输路径。

3. 时钟同步技术

时钟同步是 WSNs 的一项重要支撑技术[30]。网络协议的运行、协同工作、节点调度和目标跟踪等都需要时钟同步提供支持。传统时钟同步技术的主要目的是如何获得高精度的时间同步。而 WSNs 的时钟同步技术面临能耗、成本和节点体积等约束，不能仅要求精确性，还应该考虑节能性、可扩展性、鲁棒性以及稳定性等要求。

4. 数据融合技术

为了提高网络的可靠性和获取信息的精确性，传感器节点通常在监测区域密集部署，节点冗余度高。高节点冗余引起高数据冗余，高数据冗余会降低网络的能量利用效率，缩短网络寿命。数据融合技术能够有效地减少网络中传输的冗余数据以节约能量，是 WSNs 的一个重要研究内容。但是数据融合技术在节省能量的同时，可能增加网络传输延迟、降低信息的精确性以及减弱系统鲁棒性，在研究中应该加以注意。

5. 网络覆盖和网络规划

如上所述，WSNs 中通常存在大量的冗余节点。冗余节点的存在使得监测区域重复覆盖，同一事件或信息被多个节点所感知，造成网络能量的浪费。网络覆盖技术研究如何在不影响网络覆盖特性的条件下，减少网络中活跃节点的数量，使冗余节点交替工作，从而延长网络生存周期。网络规划研究如何部署 WSNs，使得网络覆盖质量最优以及使用尽量小的代价实现监测区域的无缝覆盖。

6. 定位技术

对于 WSNs 的大多数应用，不知道位置信息的监测数据是没有价值的。确定事件发生的位置或采集数据的节点位置是 WSNs 最基本的功能之一。为了提供有效的位置信息，随机部署的传感器节点必须能够确定自身位置。然而受到成本、功耗及节点体积等方面的限制，为所有节点安装 GPS 接收器通常是不现实甚至根本无法实现的[31]，因此必须研究新的机制与算法实现节点的自身定位。由于传感器节点存在资源受限、随机部署和通信易受环境干扰等特点，定位机制必须满足节能性、自组织性、健壮性、能量高效和分布式计算等要求。

7. 网络安全技术

无线传感器网络的开放性分布和无线广播通信特征存在安全隐患[32]。如何保证任务执行的机密性、数据产生的可靠性以及数据传输的保密性，是 WSNs 安全技术必须考虑的问题。WSNs 的安全技术研究和传统网络虽然有着相同的出发点，即解决信息的机密性、完整性、消息认证、组播/广播认证、信息新鲜度、入侵监测以及访问控制等问题，但是 WSNs 的自身特点（受限的计算、通信、存储能力，缺乏节点部署的先验知识、部署区域的物理安全无法保证以及网络拓扑结构动态变化等）决定了它的安全与传统网络安全在研究方法和实现手段上必然存在很大的区别[33]。

1.6 无线传感器网络的应用前景

无线传感器网络具有极为广阔的应用前景，主要表现在军事、环境监测与预报、工农业生产、医疗健康、智能大厦和其他商业领域，在空间探索与灾难防治等一些特殊的应用领域，WSNs 也有着得天独厚的技术优势。随着 WSNs 的深入研究和广泛应用，WSNs 将逐渐深入到人类社会的各个角落，改善人们的工作和生活方式[13-20-24]。

1. 军事领域

无线传感器网络具有自组织、可快速部署、可靠性高和隐蔽性强等特点，十分适合应用于恶劣的战场环境中。利用 WSNs 能够实现对敌方兵力及装备的监测、战场环境的实时监控、目标定位，战场侦查和探测核、生物和化学攻击等[24]。在战争中，通过飞机或者炮弹将传感器节点播撒到阵地，通过 WSNs 就可以观察战场情况，了解到敌我双方动态。利用生物或化学传感器，能够及时准确地探测到生化武器使用状况和区域。另外，WSNs 在和平年代也能应用于国土安全保护和边境监视等。在边境区域部署大量的传感器节点，通过对声音和震动等信号的综合分析，可以探测敌方的入侵。

2. 环境监测和预报

随着自然生态和环境恶化问题的日益突出，保护自然环境逐渐被全人类所关注和重视。WSNs 的出现为环境监测和预报提供了极大的便利。通过部署在特定区域中的 WSNs，我们可以了解相关环境参数，研究和处理相关的环境和生态问题，如动物栖息地生态监测、气象和地理研究等。WSNs 还可以用来监测降雨量、河水水位和土壤水分，并依此预报洪水和山洪爆发的可能性，实现灾难预警。类似的，WSNs 还可实现森林环境监测和火灾预警、地震监测预警等。

3. 工农业生产

无线传感器网络在工农业生产领域有着极为广泛的应用前景。在工业领域，WSNs 可以用于车间生产设备管理、性能监控和井下作业管理等[25]。通过 WSNs 实现远程监控，无需人工值守，而且出现问题时可以及时报警，及时处理。在农业领域，WSNs 可用于监视农作物灌溉情况、土壤空气情况和光照强度情况等，以实现精细农业；还可用于监测牲畜和家禽的体征、养殖环境状况等，防止疾病和瘟疫的发生。

4. 医疗健康

无线传感器网络在医疗健康方面的应用包括监测人体的各种生理数据，跟踪和监控医院内医生和患者的行动，医院的药物管理等。如果在住院病人身上安装特殊的传感器节点，如脉搏或血压监测设备，医生就可以随时了解病人的病情，发现异常能够迅速抢救[26]。另外，利用部署在家中和老年人身体上的传感器节点，构成 WSNs 并通过网关与 Internet 相连，可以对老年人的生理状况进行远程实时监控，并在必要时以最快速度进行救护。

5. 物联网相关应用

物联网（Internet of Things）[27]是新一代信息技术的重要组成部分，内涵包括两层意思：第一，物联网的核心和基础仍然是互联网，是在互联网基础之上延伸和扩展的一种网络；第二，物联网的用户端延伸和扩展到了任何物品与物品之间，进行信息交换和通信。物联网主要的核心技术就是 WSNs 以及射频识别（Radio Frequency Identification，RFID）。物联网用途广泛，遍及环境保护、公共安全、智能交通、智能楼宇、智能家居、工农业监测和健康护理等多个领域。

1.7 本书章节安排

全书分为三部分，共 9 章：第一部分是无线传感器网络的概述，即第 1 章，介绍无线传感器网络的基本概念、系统结构、体系结构、特点、关键技术和应用前景等；第二部分是无线传感器网络路由协议研究，包括第 2～第 6 章，介绍基于 PSO 的两层分簇路由协议、基于 PSO

的非均匀分簇路由协议、分布式非均匀分簇路由协议和基于参数优化的分簇算法等内容；第三部分是无线传感器网络数据管理研究，包括第 7～9 章，介绍基于感知数据综合支持度的节点分类算法和面向数据收集的节点数据预测算法等内容。

参考文献

[1] 李建中，高宏. 无线传感器网络的研究进展[J]. 计算机研究与发展，2008，45（1）：1-15.

[2] Román M，Hess C，Cerqueira R. GAIA: A middleware infrastructure to enable active space [J]. IEEE Pervasive Computing，2002，1（4）：74-83.

[3] Román M，Hess C，Cerqueira R. GAIA: A middleware platform for active spaces [J]. ACM SIGMOBILE Mobile Computing and Communications Review，2002，6（4）：65-67.

[4] 徐光佑，史元春，谢伟凯. 普适计算[J]. 计算机学报，2003，26（9）：1042-1052.

[5] Kidawara Y，Zettsu K. Operating mechanism for device cooperative content on ubiquitous networks [C]. The Second International Conference on Creating，Connecting and Collaborating Through Computing，2004：54-61.

[6] Kikuchi H，Iseki F，Moo W K. Development of university network based on wireless ubiquitous network [C]. The 9th International Conference on Advanced Communication Technology，2007：189-194.

[7] 崔莉，鞠海玲，苗勇. 无线传感器网络研究进展[J]. 计算机研究与发展，2005，42（1）：163-174.

[8] 刘雨. 无线传感器网络中的信息处理[D]. 北京：北京邮电大学，2006.

[9] 马祖长，孙怡宁，梅涛. 无线传感器网络综述[J]. 通信学报，2004，25（4）：114-124.

[10] Lin R，Wang Z，Sun Y. Wireless sensor networks solutions for real time monitoring of nuclear power plant [C]. Proceedings of 5th IEEE World Congress on Intelligent Control and Automation，2004：3663-3667.

[11] HorréW，Michiels S，Matthys N，et al. On the integration of sensor networks and general purpose IT infrastructure [C]. Proceedings of the 2nd International Workshop on Middleware for Sensor Networks，2007：7-12.

[12] 向敏. 无线传感器网络节点数据管理与能耗研究[D]. 重庆：重庆大学，2009.

[13] 李建中，李金宝，石胜飞. 传感器网络及其数据管理的概念、问题与进展[J]. 软件学报，2003，14（10）：1717-1725.

[14] Cullar D，Estrin D，Strvastava M. Overview of sensor network [J]. Computer，2004，37（8）：41-49.

[15] Akyildiz F，Su W，Sankarasubramaniam Y，et al. A survey on sensor networks [J]. IEEE Communications Magazine，2002，40（8）：102-114.

[16] Akyildiz I，Su W，Sanakarasubramaniam Y. Wireless sensor networks：A survey [J]. Computer Networks，2002，38（4）：393-422.

[17] Karl H，Willig A. TKN-03-018 [R] .TKN，2003.

[18] 曾鹏. 分布式无线传感器网络体系结构及应用支撑技术研究[J]. 信息与控制，2004，

33（3）：307-313.

[19] Estrin D，Govindan R，Heidemann J. Next Century Challenges：Scalable Coordination in Sensor Networks [C]. Proceedings of the Fifth Annual International Conference on Mobile Computing and Networks（MobiCOM'99）. Washington，USA，1999：263-270.

[20] 孙利民，李建中，陈渝. 无线传感器网络[M]. 北京：清华大学出版社，2005.

[21] 汪学清. 无线传感器网络中连通与覆盖问题研究[D]. 哈尔滨：哈尔滨工程大学，2006.

[22] 任彪. 无线传感器网络节能机制与移动性的研究[D].北京：北京邮电大学，2006.

[23] Agre J，Clare L. An integrated architecture for cooperative sensing networks [J]. IEEE Computer Magazine，2000，33（5）：106-108.

[24] 任丰原，黄海宁，林闯. 无线传感器网络[J]. 软件学报，2003，14（7）：1282-1291.

[25] 赵杰，刘刚峰，朱磊. 基于 WSN 的矿井事故搜索探测多机器人系统[J]. 煤炭学报，2009，34（7）：997-1002.

[26] Noury N，Herve T，Rialle V. Monitoring behavior in home using a smart fall sensor and position sensors [C]. Proceedings of the IEEE-EMBS Special Topic Conference on Microtechnologies in Medicine and Biology. IEEE Computer Society，2000：607-610.

[27] Gershenfeld N，Krikorian R，Cohen D. The Internet of Things [J]. Scientific American，2004，76-81.

[28] 李凤保，李凌. 无线传感器网络技术综述[J]. 仪器仪表学报，2005，26（8）：559-561.

[29] 张瑞华. 基于能量效率的无线传感器网络关键技术研究[D]. 济南：山东大学，2007.

[30] 李凤保，蒋义援，潘泽友. 无线传感器网络时钟同步技术综述[J]. 仪器仪表学报，2006，27（6）：355-358.

[31] 陈维克. 传感器网络路由和节点定位技术研究[D].武汉：武汉理工大学，2009.

[32] 胡向东，邹洲，敬海霞，et al. 无线传感器网络安全研究综述[J]. 仪器仪表学报，2006，27（6）：307-311.

[33] 裴庆祺，沈玉龙，马建峰. 无线传感器网络安全技术综述[J]. 通信学报，2007，28（8）：113-122.

第 2 篇

无线传感器网络路由协议

第2章 无线传感器网络路由协议概述

2.1 无线传感器网络路由协议的设计要求

路由协议负责将数据分组从源节点通过网络转发到目的节点，它主要包括两个方面的功能：寻找源节点和目的节点间的优化路径，将数据分组沿着优化路径正确转发[1]。传统无线网络（Ad-hoc、无线局域网等）一般具有持续稳定的能源供给或补充，能量消耗问题不是这些网络的路由协议考虑的重点。与传统无线网络相比，WSNs 的路由协议具有以下特点[1]。

① 能量优先。WSNs 中，节点能量有限且一般没有能量补充，因此路由协议首要考虑的因素是合理高效地利用节点能量。同时，路由协议不仅要关心单个节点的能量消耗，更要关心整个网络能量的均衡消耗，这样才能避免"热点"问题和"能量空洞"现象，延长网络生存周期。

② 基于局部拓扑信息。WSNs 通常随机播撒，大规模部署，为了减小通信能耗，一般采用多跳方式传输数据。而传感器节点的通信能力一般较弱，且能量有限，很难获得全局拓扑信息；同时传感器节点的存储资源和计算资源严重受限，使得节点不能存储大量的路由信息，不能进行太复杂的路由计算。因此，WSNs 路由协议通常只能在局部的拓扑信息和有限的节点资源条件下尽可能实现简单高效的路由机制。

③ 有限的存储资源、计算资源和通信资源，使得节点不能存储大量的路由信息，不能进行太复杂的路由计算，不能获得全局拓扑信息。因此，WSNs 路由协议通常只能在局部的拓扑信息和有限的节点资源条件下尽可能实现简单高效的路由机制。

④ 以数据为中心。传统无线网络的路由通常是以地址为依据的端到端的通信，而 WSNs 关注的是监测区域的感知数据，而不是具体哪个节点获取的信息，即以数据为中心。WSNs 通常包含大量传感器节点到少量汇聚节点的数据流，按照对感知数据的需求、数据通信模式和流向等，以数据为中心形成消息的转发路径。

⑤ 应用相关。如前所述，WSNs 是一个应用相关网络。不同的应用环境差别很大，数据收集方式不同，没有一个路由机制适应所有的应用，这是 WSNs 应用相关性的一个体现。因此，研究者不可能设计出一个通用的 WSNs 路由协议，而只能针对具体应用的需求，设计与之适应的特定路由机制。

针对 WSNs 路由协议的上述特点，在根据具体应用的需求设计路由协议时，通常需要满足如下的设计要求[1, 2]。

① 能量高效。WSNs 路由协议的最基本要求是网络能量利用的高效性，包括两个方面的含义：一方面是路由设计时要尽量选择一条低能耗的路径进行数据传输，另一方面是路由设计时要从整个网络的角度考虑，使网络的能量消耗均衡分布，避免出现能量"热点"和"空洞"。同时，路由协议通常需要一定的控制消息开销来进行路由建立和维护，要尽量降低这些通信能耗。

② 可扩展性。WSNs 中，节点的加入、移动和失效以及环境因素造成的通信链路断裂等都会使得网络的拓扑发生动态的变化；同时，监测区域范围和节点密度的变化会造成网络规模大小不同。这就要求路由协议的可扩展性能要好，能够及时地响应拓扑的变化，适应网络规模大小的改变。

③ 鲁棒性。工作环境及工作模式的特殊性使得 WSNs 具有不可靠特性，表现在：能量耗尽或环境因素造成个别传感器节点暂时或者永久失效；周围环境因素影响无线链路的通信质量；节点被部署后基本上都是工作在无人值守的状态下，不方便或不能进行人工干预；无线通信本身的不可靠性等。因此，WSNs 的路由协议需要具备故障修复等健壮性机制，以应对网络的这些不可靠特性。

④ 支持数据融合。WSNs 中，由于节点大量密集部署，节点采集到的数据往往带有较大的重复性和冗余度。数据融合技术对网络中传输的数据进行压缩、合并等计算和处理，能够有效地减少网络中传输的数据量，从而降低通信能耗。因此，通常要求 WSNs 的路由机制对数据融合技术提供支持。

2.2　无线传感器网络路由协议分类方法

由于 WSNs 路由协议的应用相关性，到目前为止，仍缺乏一个完整和清晰的路由协议分类方法。根据路由协议采用的层次结构、节点标识方法和路由计算方式等，可运用多种分类方法对其进行分类。并且，由于研究人员经常组合多种策略来实现路由机制，故同一路由协议可分属不同类别[3]。

① 平面路由协议和分簇路由协议（层次路由协议）。这种分类方法根据节点在路由过程中是否有层次结构、作用是否有差异。平面路由简单，健壮性好，但建立、维护路由的开销大，数据传输跳数多，适合小规模网络；分簇路由扩展性好，节点管理方便，适合大规模网络，但簇结构的维护开销大，且簇头是路由的关键节点，其失效将导致路由失败。

② 基于查询的路由协议和非基于查询的路由协议。这种分类方法根据路由建立时机是否与查询有关。基于查询的路由协议应用在诸如环境监测、战场评估等应用中，需要不断查询传感器节点采集的数据；或者节点探测到某些事件的发生，主动报告给用户。非基于查询的路由协议一般应用于周期性数据采集，传感器节点定时地将采集到的数据发送给用户。

③ 基于地理位置的路由协议和非基于地理位置的路由协议。这种分类方法根据是否需要知道目的节点的地理位置、路由计算中是否利用地理位置信息。基于地理位置的路由协议适用于需要知道突发事件地理位置的应用，如目标跟踪等。把节点的位置信息作为路由选择的依据，可以降低网络路由维护的能耗，但需要 GPS 模块或者其他定位方法协助节点计算位置信息，增加了节点的成本。

④ 数据融合的路由协议和非数据融合的路由协议。这种分类方法根据数据在传输过程中是否进行融合处理。数据融合能减少通信量，但需要一定的数据处理能耗，并增大传输时延。

⑤ 可靠性路由协议和非可靠性路由协议。这种分类方法根据路由协议设计时是否考虑可靠性因素。基于具体应用中 WSNs 的不可靠特性，可靠性路由协议采用多种措施提高路由的可靠性，如多路径路由、路径修复等。但是，这些可靠性措施在一定程度上增加了网络能耗和路径建立与维护的复杂性。

⑥ 保证 QoS 的路由协议和不保证 QoS 的路由协议。这种分类方法根据路由协议是否考虑 QoS 约束。保证 QoS 的路由协议是指在路由建立时，考虑时延、丢包率等 QoS 参数，从众多可行路由中选择一条最适合 QoS 应用要求的路由。

2.3 无线传感器网络平面路由协议

平面路由协议中，网络的各个节点地位平等，不存在等级和层次差异，路由简单，易扩展，无需进行任何架构维护，不易产生瓶颈效应，具有较好的健壮性。典型的平面路由协议有 Flooding、SPIN[4]、SAR[5]、DD[6]、Rumor-routing[7]等。

2.3.1 几个典型的平面路由协议

1. Flooding

泛洪（Flooding）是一种传统的路由技术，不要求网络拓扑结构的维护和路由计算，接收到消息的节点以广播形式转发分组。对于自组织的 WSNs，Flooding 路由是一种较直接的实现方法，但消息的"内爆"（Implosion）和"重叠"（Overlap）是其固有的缺陷。为了克服这些缺陷，Hedetniemi 等人提出了 Gossiping 策略[8]，节点不采用广播形式转发它接收到的分组，而是随机选取一个相邻节点进行转发。Gossiping 方法有效避免了消息的"内爆"现象，但有可能增加端到端的传输延时。

2. SPIN（Sensor Protocol for Information via Negotiation）[4]

SPIN 是第一个以数据为中心的路由协议，通过协商机制来解决 Flooding 算法中的"内爆"和"重叠"问题。SPIN 协议中设置了 3 种类型的消息用于建立协商机制，即 ADV、REQ 和 DATA。传感器节点产生或收到数据后，首先用 ADV 消息向邻节点宣布有数据发送，接收到邻居节点返回的接收数据请求 REQ 消息时，才用 DATA 消息封装数据发送至请求节点，避免了盲目传播。与 Flooding 和 Gossiping 协议相比，SPIN 协议有效地节约了能量。但其缺点是：当产生或收到数据的节点的所有邻节点都不需要该数据时，将导致数据不能继续转发；且在较大规模网络中，存在 ADV 消息"内爆"问题。SPIN 协议有 4 种不同的形式：SPIN-PP、SPIN-EC、SPIN-BC 和 SPIN-RL。

3. SAR（Sequential Assignment Routing）[5]

有序分配路由（SAR）机制充分考虑了功耗、QoS 和分组优先权等特殊要求，采用局部路径恢复和多路径备份策略，避免节点或链路失败时进行路由重计算需要的大量计算开销。为了在每个节点与汇聚节点间生成多条路径，SAR 需要维护多个树结构，每个树以落在汇聚节点有效传输半径内的节点为根向外生长，枝干的选择需满足一定 QoS 要求并要有一定的能量储备。SAR 机制中，大多数传感器节点可能同时属于多个树，可任选其一将采集数据传送到汇聚节点。

4. DD（Directed Diffusion）[6]

定向扩散路由（DD）是一个重要的、以数据为中心的、基于查询的路由协议。传感器节点用一组属性值来命名它所生成的数据，汇聚节点采用 Flooding 方式传播用户兴趣消息到整个或部分监测区域内的所有节点。用户兴趣消息表达用户感兴趣的监测数据，如湿度等。在兴趣消息的传播过程中，协议逐跳地在每个传感器节点上建立反向的从数据源到汇聚节点的传输路径。传感器节点把采集到的数据沿着已确定的路径向汇聚节点传送。该协议在路由建立时需要 Flooding 传播，能量和时间开销较大。

5. Rumor-routing[7]

如果汇聚节点的一次查询只需一次上报，DD 协议开销就太大了，Rumor 协议正是为解决此问题而设计的。该协议借鉴了欧氏平面图上任意两条曲线交叉几率很大的思想。当监测区域中的传感器节点感知到事件后，沿随机路径向外扩散传播携带该事件的代理（Agent）消息，同时汇聚节点发送的查询消息也沿随机路径在网络中传播。当 Agent 消息和查询消息的传输路径交叉在一起时，就形成一条汇聚节点到事件区域的完整路径。Madden 等人应用 Rumor 协议的方法处理需要满足多个条件的查询[9]。Niculescu 等人扩展了 Rumor 协议，给出了一般化的 Rumor 协议[10]。

2.3.2　平面路由协议和分簇路由协议比较

在分簇路由协议中，节点分为两类：簇头（Cluster Head，CH）和簇成员（Cluster Member，CM）。簇成员通过单跳或者多跳的方式与簇头进行通信。簇头起到类似网关的作用，簇头之间形成骨干网与基站进行通信。分簇路由协议和平面路由协议在很多方面有本质性的区别，如表 2.1 所示[11]。

表 2.1　　　　　　　　　　　平面路由协议和分簇路由协议的比较

分簇路由协议	平面路由协议
对整个网络进行簇结构化	只对需要进行数据传输的部分进行构造
簇头需轮换，簇间需实现同步	路由形成后直接进行数据传输，无需同步
使用簇头控制网络，能够缩短网络反应时间	网络反应速度较慢
由簇头实现数据融合	在数据传输过程中由路径中的每一个节点进行数据融合
路由实现简单，但不一定是最佳路由	可以实现最佳路由，但复杂度较高
预先设定路由方式	随机产生路由方式
可以避免冲突	无法避免冲突
节点周期性的休眠简化了网络工作周期，节省了能量	节点休眠周期不确定
资源消耗较平均，延长网络生命周期	资源消耗较集中，相应区域节点容易死亡
可以实现对资源消耗的控制	难以实现对资源消耗的控制
通信资源分配较平均	无法实现通信资源共享
适合于大规模网络	适合于小型网络

相对于分簇路由，平面路由的主要缺点是：网络中无管理节点，缺乏对通信资源的优化管理；自组织协同工作算法复杂，网络规模受限；路由跳数往往较多，因而对网络动态变化的反应速度较慢等[12]。由于 WSNs 以数据为中心的特点，分簇路由能够通过簇头收集并融合簇成员的数据来减小网络传输的数据量，其可扩展性和节能性通常要优于平面路由。与平面

路由技术比较，分簇路由机制具有以下几个优点[13-17]。

① 分簇路由机制能够更好地支持数据融合和安全机制等其他 WSNs 的重要技术。簇头是最为理想的数据融合点，因为簇成员都相对集中在某一地理区域内，监测到的数据具有很高的相似性和冗余度，能够得到较高的数据融合效率。而且通常情况下，簇成员总是直接将数据发送给簇头，因此在簇头进行数据融合符合尽早进行数据融合的原则。

② 分簇网络中，成员节点的功能相对简单，无需维护复杂的路由信息，这样，网络中路由控制消息的开销减小很多，节省了能量。同时，成员节点很多时间可以关闭收发单元模块（如簇间数据转发阶段），处于休眠的状态，也在很大程度上节省了能量。

③ 分簇结构中，簇头充当管理者角色，便于管理网络拓扑结构，可以对系统变化做出快速反应，具有较好的可扩展性质，适用于大规模网络。

④ 分簇路由机制在一对多、多对一的通信中十分有效，分簇路由更容易克服由于传感器节点加入、移动和失效带来的网络拓扑变化问题。

分簇路由的发展自 2000 年麻省理工学院电子工程和计算机科学系的 Heinzelman 等提出的 LEACH 算法[18]开始。随后，由于该方法所表现出的独特优势，分簇路由得到了众多学者和工程技术人员的关注和重视，成为 WSNs 路由技术研究的一个热门领域。

2.4 无线传感器网络分簇路由协议

2.4.1 分簇路由协议的网络结构

在分簇路由协议中，网络被划分为若干的簇（Cluster）。一个簇相当于一个小型的子网。每个簇通常包括一个簇头（Cluster Head，CH），以及多个簇成员（Cluster Member，CM）。簇成员通常直接发送数据至簇头（簇的规模较大时也可以采用多跳方式），簇头通过多跳或者单跳的方式与基站进行通信。簇头起到类似网关的作用，负责管理和控制簇内成员节点，负责收集簇内成员节点的感知数据，根据需要进行融合并转发到基站。图 2.1 所示为分簇网络的基本结构。

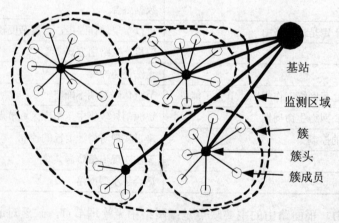

基站

监测区域

簇

簇头

簇成员

图 2.1　分簇网络的基本结构

多层分簇是 WSNs 的一种新的分簇网络结构，这种结构的设计思想是根据所要求达到的层数，在单层分簇的基础上，采用由底至上的原则继续进行分簇，每一层的簇头从下一层簇头中产生，直到最高层的簇头选出，就完成了整个分簇体系，图 2.2 所示为 3 层分簇网络的结构。在多层分簇结构中，假设网络节点被分成 h 层簇，则整个通信过程是由最底层的传感器节点将采集的数据传递给第 1 层簇头，第 1 层簇头将数据融合后传递给第 2 层簇头，这样依次进行下去。最后，第 h 层簇头收到来自第（$h-1$）层簇头发送来的数据，进行融合处理后发送到基站。文献[19-21]等都是多层分簇的例子。多层簇结构更好地满足了能量有效性要求，适用于规模更大的网络，但实施的复杂度也有所增加，通常单层结构已可以满足大多数应用需求。

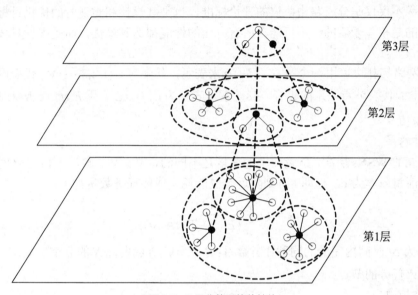

第3层

第2层

第1层

图 2.2　3 层分簇网络的结构

2.4.2　分簇网络中节点能耗分析

无线传感器网络中，节点的能量主要用于无线通信，如 2.1 小节所述。分簇网络中节点的通信可以分为 3 部分：簇内通信、数据报告和数据转发。簇内通信是指簇成员与簇头之间的数据传输，即簇成员将采集到的数据发送至簇头，还包括簇头广播控制报文。数据报告是指簇头将收集到的数据经融合处理后报告至汇聚节点。簇头的数据报告可以采用单跳和多跳两种方式。采用单跳方式的网络中，簇头直接将数据发送至汇聚节点，而不需要经过中间节点的数据转发。采用多跳方式的网络中，簇头的数据报告需要通过中间节点的数据转发实现。数据转发是指在多跳方式的网络中，距离汇聚节点较近的簇头转发距离汇聚节点较远的簇头的数据。

分簇网络中节点的通信能量消耗主要由 3 部分构成：簇内通信能耗、数据报告能耗和数据转发能耗，如下式所示：

$$E_{comm} = E_{in} + E_{report} + E_{forward} \qquad (2.1)$$

其中，E_{comm} 表示节点的总通信能耗，E_{in} 表示节点簇内通信能耗，E_{report} 表示节点的数据报告能耗，$E_{forward}$ 表示节点的数据转发能耗。

簇成员只需进行簇内通信，因此，$E_{report}=0$，$E_{forward}=0$，E_{in} 的大小跟簇成员与簇头的距离成正相关。因此，簇越大，其簇内成员节点的平均 E_{in} 越大。

在单跳方式的网络中，簇头不需要转发数据，因此 $E_{forward}=0$。距离汇聚节点越远的簇头，数据报告所需的发射功率越大，其 E_{report} 就越大。在多跳方式的网络中，簇头的 $E_{forward}$ 与其承担的数据转发任务相关。由于距离汇聚节点越近的簇头需要承担的数据转发任务越多，因此 $E_{forward}$ 越大。

2.4.3　分簇路由协议的性能评价

无线传感器网络分簇路由协议的性能评价目前还没有一套成熟和完整的标准体系。根据 WSNs 的特点及其路由协议的设计要求，分簇路由协议的性能评价主要包括以下 7 个方面，这些性能指标不仅仅是分簇路由协议的评价标准，也是其设计和实现时的优化目标。但是这些指标中有的是相互矛盾的，不可能在所有方面的性能都达到最优，而是根据具体应用的需求有所侧重。

这里，网络拓扑可以用一个图 $G = (N, L)$ 来表示，其中 $N = \{1, 2, 3, \cdots, M\}$ 代表网络中所有节点的集合，L 代表节点关系的集合，其元素可表示为 $(i, j) \in L$。用 $E_i(t), i \in N$ 来表示 t 时刻 i 节点的能量值。

1．能量效率

对于不同的 WSNs 层次，能量效率的衡量是不同的，定义某一算法下，在 Δt 时间内完成特定任务的能量效率为 e，也即 t 时刻附近单位能耗完成的任务数量如下：

$$e = \frac{n(\Delta t)}{\sum_{i \in P} \{E_i(t) - E_i(t + \Delta t)\}} \tag{2.2}$$

其中，$n(\Delta t)$ 为 Δt 时间内完成的同种任务数目；P 为所有节点集合 N 的非空子集，其元素为 Δt 时间内参与该任务的节点。

2．能量均衡

用某时刻整个 WSNs 的能量均值函数 $m_E(t)$ 和能量方差函数 $D_E(t)$ 来衡量网络的能量均衡性，$m_E(t)$ 越大且 $D_E(t)$ 越小，则表明 t 时刻网络的能量均衡性越好。

网络的能量均值函数：

$$m_E(t) = \frac{\sum_{i=1}^{M} E_i(t)}{M} \tag{2.3}$$

能量方差函数：

$$D_E(t) = \frac{\sum_{i=1}^{M} \{E_i(t) - m_E(t)\}^2}{M} \tag{2.4}$$

3．网络生命周期

无线传感器网络的生命周期（Lifetime）是指从网络开始运行到不能完成其设计功能为止所持续的时间。也可以指从网络部署之后到有 N（$N>0$）个节点死亡的时间。可以进一步从网络覆盖率下降程度 $UCR(t)$ 或用 $UCR(t)$ 和网络存活节点数 $AN(t)$ 的具体值来准确定义网络生命周期，式（2.5）给出了一种定义：

$$LT = \min\{t : UCR(t) \geqslant UCR_0 \text{ or } AN(t) \leqslant AN_0\} \tag{2.5}$$

其中，UCR_0、AN_0 为界限值。

4．数据汇聚时延

数据汇聚时延定义为包含数据融合、数据传输和路由转发的时间总和。它可以用基站接收报文和源节点产生数据之间的时间延迟来表示。

5. 数据准确性

分簇路由协议通常采用数据融合技术减小网络中传输的数据量，导致汇聚到基站的数据产生失真。数据准确性要求取决于用户的需求，即对失真的容许度。如在环境监测应用中对数据准确性的要求不一定很高，而在目标跟踪里就要求较高的数据精度。

6. 可扩展性

可扩展性要求路由协议能够及时地响应节点的加入、移动和失效等因素引起的网络拓扑变化，能够适应网络规模大小的改变。

7. 可靠性

可靠性要求路由协议能够保证数据的完整和正确传输，避免数据丢失。

2.4.4　分簇路由协议的核心问题

LEACH 是 WSNs 中最早提出的分簇路由协议，奠定了分簇路由协议的基本思想。其后发展出的很多分簇协议，如 TEEN[22]、HEED[23]等，都贯穿了 LEACH 的成簇思想。当然还有很多分簇路由协议是独立开发的，如 ACE[24]、LSCP[25]等。LEACH 通过等概率地随机循环选择簇头，试图将整个网络的能量负载平均分配到每个传感器节点，从而达到均衡网络能量耗费、延长网络生命周期的目的。LEACH 是周期循环执行的，每轮循环包括簇头的产生、簇的形成和簇的路由 3 个阶段。这 3 个阶段确定了分簇路由协议设计需要解决的三大核心问题：簇头的产生、簇的形成及簇的路由。簇头的产生是簇形成的基础，簇的路由（即簇的数据传输）依赖于簇的结构。它们是 WSNs 分簇路由协议设计的关键技术，三者紧密相关，却也相对独立。在簇头产生之后，可以采取不同的成簇策略，同样的簇也可以采用不同的数据传输机制[13]。

LEACH 是一个分布式分簇算法，各节点随机自主决定是否成为簇头，簇的形成采用局部的广播-应答方式。分布性使得 LEACH 协议具有良好的可扩展性，但是随机自主的簇头选举难以保证簇头在网络中的均匀分布，局部的成簇方式也难以保证簇的规模均匀，这些问题导致 LEACH 协议的网络能耗很不均衡，容易出现"热点"问题。针对 LEACH 的不足，Heinzelman 等人又于 2002 年提出了改进的 LEACH-C 算法[26]。该算法的基本思想是：网络中的所有节点首先告知基站自身位置及剩余能量信息，根据这些信息，基站采用模拟退火算法（Simulated Annealing Algorithm，SAA）[27]实现网络分簇，然后将结果广播给网络中的各个节点。在 LEACH-C 中，基站是网络分簇的决策者和控制者，节点并不参与网络分簇的决策过程，只是给基站提供决策信息，然后等待基站的决策结果。LEACH-C 提出了一种新的分簇算法的控制方式——集中式，确定了 WSNs 分簇路由协议设计需要解决的首要问题：控制策略。控制策略是一个分簇路由协议设计的基本思想和理念，决定了一个分簇路由协议设计的基本策略和方法。

分布式和集中式控制是分簇路由协议设计的两种基本策略。分布式控制策略基于网络局部信息进行决策，所有节点或部分节点参与决策过程，且地位平等，不存在控制中心；集中式控制策略基于网络全局或区域信息进行决策，决策过程由一个或多个控制中心（如基站或中心节点）完成，节点不参与决策过程，只是提供决策信息。分簇路由协议设计的 3 个阶段（即簇头的产生、簇的形成和簇的路由）可以采用同一种控制方式，也可以混合采用这两种控制方式。

分布式算法具有较好的扩展性，适用于大规模的 WSNs；而且分布式算法不需要收集全局信息，不要求节点具有长距离通信能力。这些是分布式算法与集中式算法相比较的优势。尽管分布式算法往往需要收集一些局部信息，但由于通信范围很小，通信能耗可以得到有效的控制。分布式算法往往在本地还需要进行一些额外计算，但由于数据计算的能耗比数据通信的能耗低得多，故不会产生太大的影响。

与分布式算法比较，集中式算法的特点是：（1）基于全局信息；（2）算法在能量不受限制的基站或者中心节点执行；（3）可以采用智能优化算法，如模拟退火算法（SAA）、蚁群算法（Ant Colony Optimization，ACO）、粒子群算法（Particle Swarm Optimization，PSO）[28] 等，来实现或者优化网络分簇及路由。集中式算法有全局观，均衡性、健壮性较好。但是获得网络的全局信息需要一定的能量消耗和时间开销，而且网络扩展性较差，在大规模网络中的应用受到限制。

2.4.5 现有的重要分簇路由协议解析

本节基于分簇路由协议设计需要解决的三大核心问题，对现有的重要协议和算法提出的思想和方法进行归类总结。

1. 簇头产生算法

如上一小节所述，簇头的产生是簇形成的基础，绝大多数分簇算法的第一步就是考虑怎样产生簇头（也有少量分簇算法采用先划分簇再各自选择簇头的方式）。ECMR[29]、DTTR[30] 等一些协议中，簇头是被预先指定部署的，且假设它们的能量不受限制。这与一般的 WSNs 不同，大多数分簇路由协议中簇头是由资源受限的传感器节点承担。由于簇头的能耗远远大于成员节点的能耗，为了平衡节点间的能量消耗，簇头需要由节点轮流担任，周期性地更新。簇头的产生方法、数量和位置在很大程度上决定了最终形成的簇的结构、大小和数量，也影响了节点的能量耗费进度和网络的生命周期。

（1）簇头选择依据

簇头选择算法一般基于以下一些因素：（1）节点的剩余能量；（2）节点到基站的距离；（3）节点的位置分布；（4）节点到邻居节点的距离；（5）节点的"度"及邻居节点剩余能量。

依据节点能量信息进行簇头选举的算法比较典型的有 HEED[23]、EADEEG[31]、文献[32]、DEEC[33]以及 REECP[34]等。HEED 算法综合节点的剩余能量和簇内通信开销两个参数来选择簇头，较好地平衡了节点间的能耗，延长了网络生命周期。EADEEG 算法在簇头的竞选中综合考虑了节点剩余能量及邻居节点的平均剩余能量两个因素，可以有效地应用于节点能量异构的网络场景。文献[32]引入上一轮的节点剩余能量、簇内节点平均剩余能量和数据传输消耗的总能量 3 个参数优化 LEACH 中的阈值 $T(n)$，降低了低能量节点当选簇头的概率，使得整个网络的能量消耗更加均衡。

除了节点能量信息外，节点到基站距离以及节点到邻居节点距离等距离信息也是簇头选择的一个重要依据。距离信息的引入可以使所形成的簇结构的簇内和簇间通信代价进一步缩小，这类算法如 EEUC[35]、EAREC[36]等。

一些算法在簇头竞争过程中考虑了节点的"度"（即邻居节点数量）等信息，如 WCA[37]、MECH[38]和 BPEC[39]等。BPEC 中，节点的"度"用于控制簇头的位置分布，避免位于网络边缘的节点成为簇头。

此外，为了提高簇结构网络的可靠性，同时分摊簇头的部分任务，一些算法引入了"双簇头"或"簇头冗余"的机制。这种机制在簇中增加一个副簇头（或冗余簇头）来分担簇头的任务，或当簇头发生故障时接替工作。如文献[40]的"双簇头路由"模式，在提高算法鲁棒性的同时减少了数据排队时间，文献[41-44]等也采用了双簇头方法来管理网络。

（2）簇头产生方式

根据控制策略的不同，可以把簇头产生方式分为集中式和分布式两种。集中式算法由基站基于整个网络信息挑选簇头，如 LEACH-C、PSO-C[45]和 ACO-C[46]等。而分布式算法一般采用"自荐"或者局部竞争的方式产生簇头。

目前学者们提出的分布式簇头产生算法中，LEACH、DCHS[47]、文献[32]和 CDAT[48]等均采用"自荐"方式，由节点根据某个阈值自主决定是否当选簇头；而更多的算法采用局部竞争的方式。局部竞争方式可以分为两类：

- 一类是"竞选广播"。所有参与簇头竞争的节点同时广播竞选消息，如 HEED、EECS[49]、EEUC 和 ARDCH[50]等。这种竞争方式节点间需要交换一定数量的控制消息，产生一定的网络能量开销。

- 另一类是"计时广播"。所有参与簇头竞争的节点首先根据某个准则计算等待时间，等待时间到达才广播竞选消息。如果节点在等待时间到达之间收到其他节点的竞选消息，则不再等待，立即退出簇头竞争。由于只有少量节点广播竞选消息，这种方式可以有效减小簇头产生阶段的通信能耗。但是，这种方式增加了路由协议的延时，同时要求较严格的时间同步。采用这种方式的分簇协议包括文献[51]、EADEEG[31]、BPEC[39]、EEDUC[52]和 AEEC[53]等。

（3）簇头位置分布

簇头在网络中的位置分布形式有均匀分布和非均匀分布两种。早期的分簇算法通常期望产生均匀分布的簇头，如 LEACH，普通节点加入距离最近的簇头，从而将整个网络划分为大小均等的簇，每个簇的簇内成员节点数近似相等，簇半径也近似相等。均匀分簇网络虽然能够有效地平衡各个簇的簇内通信能耗，但簇间通信能耗差别较大。近年来，不少分簇算法通过产生非均匀分布的簇头来实现网络的非均匀分簇，以解决簇间通信能耗不均衡问题。采用这种方法的分簇算法包括 EEUC、LBACA[54]等。

2. 簇的形成算法

簇头的产生和簇的形成是网络分簇的两个主要步骤。很多分簇算法首先产生簇头，然后普通节点选择簇头加入形成簇；有些分簇算法则是先将网络划分为簇，然后选择簇头。簇的形成算法根据其采用的控制策略大致可以分为分布式和集中式两类。

（1）分布式成簇算法

LEACH 等协议采用的成簇方法是：当选簇头广播消息，普通节点根据接收到的簇头广播信号的强弱决定加入哪个簇。这种方法实现机制比较简单，且基于分布式策略。但是没有从能量角度考虑簇的规模、数量以及负载均衡等问题。有不少协议和算法从这些问题出发提出了不同的成簇方法。

EECS 考虑到了 LEACH 中离基站远的簇头的通信能耗要更高的特点，规定了普通节点在加入簇头时不仅考虑其与簇头的距离，同时考虑簇头和基站的距离，使得距离基站较远的簇具有较小的几何尺寸，以均衡节点能耗。

ACE 算法在成簇过程中引入反馈机制。簇的形成包括簇的产生和簇的迁移两个逻辑部分。基于相邻节点之间的信息反馈，每个节点独立运行 ACE 算法，最终由两个逻辑部分交叉迭代形成簇。

此外，为了减轻节点与基站位置不同或者频繁数据转发所造成的能量消耗不平衡问题，学者们提出了簇的不均匀划分策略，比较典型的算法有 CODE[55]、EEUC 和 CEB-UC[56]等。

（2）集中式成簇算法

集中式成簇算法由基站基于全局信息实现网络成簇，通常和集中式簇头选择算法结合成一体，即集中式分簇算法。Ghiasi 等人[57]把网络分簇算法归纳成：挑选 k 个簇头，把 n 个节点分成 k 个簇，使得：1）每个节点属于且仅属于一个簇；2）簇头之间负载平衡；3）簇的能量消耗总和最小。Ghiasi 并没有给出这个算法在 WSNs 中的具体实现，但是却引出了集中式分簇算法的基本思想和目标。

BCDCP[58]算法基于均衡网络能量的思想来划分簇，采用集中式控制策略。在每一轮簇的建立阶段，基站首先获知所有节点的能量信息，并将剩余能量大于网络平均能量的节点确定为候选簇头。然后，基站在所有候选簇头中选择距离最远的两个节点作为簇头，将网络划分为成员数量相当的两个大的子簇。并在此基础上依据同样的方式将网络继续细分为 4 个、8 个……直至达到期望的簇数量。在每个划分实施阶段，通过使簇头相互间距最大化来实现簇头分布的均匀性，通过使每个簇成员节点数量相似来均衡簇头负载。

Tillett 等应用粒子群算法解决网络分簇问题[59]，提出均匀分簇（每个簇的节点数量及候选簇头数量相等）的思想以平衡节点能耗。PSO-C 同样采用 PSO 算法优化选择分簇方式，既最小化簇内能耗，又均衡网络能耗，以最大限度延长节点和网络生存时间。

3．簇的路由算法

簇的路由包括簇内和簇间两个方面，均可以采用单跳或者多跳的方式。在簇内，由于簇成员和簇头距离一般较近，数据通常直接传输给簇头；如果两者距离较远、有障碍而不能直接通信或者直接通信代价过高等，也可采用中继方式向簇头传输数据，如文献[60]、[61]等。在簇间，虽然有些协议也选择了单跳传输方式，如 LEACH、EECS 等。但由于节点传输距离受限，簇间单跳路由不适合大规模网络，故更多的协议采用了簇间多跳路由，如 HEED 等。但是，簇间多跳路由可能造成靠近基站的簇头由于转发大量数据而负载过重，过早耗尽能量而失效，导致网络"能量空洞"现象的出现。因此，有些协议采用了簇间多跳路由和非均匀分簇相结合的方式，如 EEUC 等。

由于簇间的数据传输只在簇头间进行，没有了层级划分，因此，很多平面路由策略可以被采用，如 SPIN、DD 和 SAR 等。此外，树形路由也被很多簇间路由算法采用，如 EADEEG 就在簇划分的基础上，由上层簇头形成一棵汇聚树，簇头收集并处理后的数据包通过该汇聚树传输到基站。

上述的簇的路由建立均采用分布式控制策略，也有一些算法采用集中式控制策略。如 ECMR 协议中，采用集中式方式建立簇成员到簇头之间的多跳传输路由。归结为一个从源点到终点的最小代价路径问题，ECMR 由簇头采用 Dijkstra 算法求解。为了提高数据传输效率，ECMR 节点之间链路的权值定义不仅计算了它们之间的通信耗费，也考虑了节点能量、数据延迟和链路负载等因素。

此外，多层簇结构网络中，数据由下层簇头向上层簇头传输，最上层簇头构成数据传输的骨干网，负责将数据最终发送给基站。

2.4.6　几个典型的分簇路由协议

本节介绍国内外几个典型的分簇路由协议，对其核心路由机制、特点和优缺点等加以分析和比较。

1. 典型的分簇路由协议

（1）LEACH（Low-Energy Adaptive Clustering Hierarchy）[18]

LEACH 是 WSNs 的第一个分簇路由协议。LEACH 定义了"轮"（Round）的概念，一轮由簇的建立阶段（Set-up Phase）和稳态阶段（Steady-State Phase）组成。簇的建立阶段实现网络分簇；稳态阶段进行数据的收集、处理和传输。在簇的建立阶段，每个节点随机产生一个 0～1 之间的数值，如果这个数值小于阈值 $T(n)$，则该节点成为簇头，并向周围节点广播当选消息。$T(n)$ 的计算公式为：

$$T(n) = \begin{cases} \dfrac{p}{1 - p \times [r \bmod (1/p)]} & , \quad \text{if} \quad n \in G \\ 0 & , \quad \text{otherwise} \end{cases} \qquad (2.6)$$

其中，p 是簇头占所有节点的比率，即节点当选簇头的概率；r 是当前循环进行的轮数；G 是最近 $1/p$ 轮中还未当选过簇头的节点集合。从 $T(n)$ 的计算公式可知，当选过簇头的节点在接下来的 $1/p$ 轮循环中将不能再成为簇头，剩余节点当选簇头的阈值 $T(n)$ 增大，节点产生小于 $T(n)$ 的随机数的概率随之增大，所以剩余节点当选簇头的概率增大。

LEACH 提出了一种所有节点轮流当选簇头的机制，并采用分布式的算法，比较容易实现，初步解决了网络负载平衡的问题。与不分簇算法（如最小传输能量路由 MTE）相比，网络能耗和第一个节点死亡时间等指标大为提高。但是它也有一些不足。

● 由于每个节点随机自主决定是否成为簇头，LEACH 不能保证簇头的数量、质量以及簇头的分布均匀。

● 簇头采用单跳方式发送数据至基站，导致远离基站的节点的能耗要普遍高于接近基站的节点，即远离基站的节点更早死亡，容易出现网络 "能量空洞" 现象。

● p 值决定了每轮产生的簇头数量，在实际应用中，最佳 p 值的确定十分困难，与网络规模、节点数目和基站位置有关。

● 由于 $T(n)$ 没有考虑节点能量因素，且簇头产生具有随机性，LEACH 很难达到节点平均能耗的预期目标，容易出现网络"热点"问题。

● LEACH 规定网络中所有的节点能直接与基站进行通信，这点不符合 WSNs 大规模覆盖和布撒的需求。

针对 LEACH 协议的这些不足，研究者们提出了种种改进方案。TEEN 协议采用与 LEACH 协议相同的聚簇方式，但簇头根据与基站距离的不同形成层次结构。聚簇完成后，基站通过簇头向全网节点通告两个参数（分别称为硬阈值和软阈值）来过滤数据发送。硬阈值设定事件开始报告的初始条件，软阈值确定再次报告事件的变化尺度，即事件的精度。在节点第 1 次监测到数据超过硬阈值时，节点向簇头上报数据，并将当前监测数据保存为监测值（Sensed Value，SV）。此后只有在监测到的数据比硬阈值大且其与 SV 之差的绝对值不小于软阈值时，节点才向簇头上报数据，并将当前监测数据保存为 SV。该协议通过利用软、硬阈值减少了数据传输量，且层次型簇头结构不要求节点具有大功率通信能力。但由于阈值设置阻止了某些数据上报，TEEN 协议仅适合于事件驱动型模式，不适合需要周期性上报数据的应用。而 APTEEN 算法[62]作为 TEEN 的补充，将主动型和响应型的工作模式混合应用于其中，适合需要周期性上报数据的应用。

　　DCHS 将节点能量因素考虑进来，改进了 $T(n)$ 的计算方法，使得剩余能量较多的节点当选簇头的概率更大。

$$T(n)_{\text{new1}} = \frac{p}{1 - p \times [r \bmod (1/p)]} \frac{E_{n\_\text{current}}}{E_{n\_\text{max}}} \qquad (2.7)$$

其中，E_{n_current} 表示节点的当前能量，E_{n_max} 表示节点的初始能量。仿真实验表明，这种改进方案的网络生存时间比 LEACH 提高了 20%～30%。然而，当网络运行了相当长一段时间之后，所有节点的当前能量 E_{n_current} 都变得很低，阈值 $T(n)_{\text{new1}}$ 就会变小，所有节点成为簇头的概率都大大降低，以致每轮产生的簇头数量减少。为此，DCHS 再次改进了 $T(n)$ 的计算方法。

$$T(n)_{\text{new2}} = \frac{p}{1 - p \times [r \bmod (1/p)]} \left[\frac{E_{n\_\text{current}}}{E_{n\_\text{max}}} + \left(r_s \text{div} \frac{1}{p} \right) \left(1 - \frac{E_{n\_\text{current}}}{E_{n\_\text{max}}} \right) \right] \qquad (2.8)$$

其中，r_s 表示节点连续未当选过簇头的轮次。一旦当选了簇头，r_s 重置为 0。公式（2.8）综合考虑了节点能量和阈值大小对簇头选举的影响，有效地解决了公式（2.7）的缺陷，使算法更加合理高效。

　　文献[63]证明了 LEACH 算法的不确定特性将会导致某些节点过快耗尽电池能量而缩短系统寿命。提出了一种基于退避策略的负载均衡的分簇算法，通过自适应地调整每个节点的退避等待时间，从而保证拥有较多能量节点有更大的机会成为簇首，并引入信道竞争的机制来保证簇首的均匀分布。仿真实验表明，该算法有效延长了系统寿命，提高了网络的能量使用效率。文献[21]在 LEACH 协议的基础上，融合多层分簇的思想，通过在网络拓扑的底层构建具有多个簇头的簇集合、在拓扑的顶层构建多跳转发机制，提出能量高效的多层分簇路由算法。仿真结果表明，该算法在网络生存时间和负载均衡方面较 LEACH 和 DCHS 有较大的提高。文献[64]基于 LEACH 协议提出一种面向数据融合的路由协议 DF-LEACH。在该协议中，簇头在簇内数据融合的过程中根据成员节点的位置信息估计感知到相同事件的邻居簇，然后进行局部的多跳数据融合，以达到节能的目的。文中给出了位置估计模型，通过成员节点对突发事件的感知情况来估计事件发生位置。仿真结果表明，该协议能有效延长网络的生命周期。

　　（2）PEGASIS（Power-Efficient Gathering in Sensor Information Systems）[65]

　　PEGASIS 并不是严格意义上的分簇路由协议，但它借鉴了 LEACH 中分簇算法的思想。网络中所有节点只形成一个簇，称为链。该协议要求每个节点都知道网络中其他节点的位置，从距离基站最远的节点开始，采用贪心算法选择最近的邻节点形成链。动态选举簇头的方法是：设网络中 N 个节点都用 $1\sim N$ 的自然数编号，第 j 轮选取的簇头是第 i 个节点，$i = j \bmod N$（i 为 0 时，取 N）。簇头与基站一跳通信，利用令牌控制链两端数据沿链传送到簇头，在传送过程中可融合数据。当链两端数据都传送完成时，开始新一轮选举与传输。与 LEACH 协议相比，PEGASIS 协议避免了频繁构造簇结构带来的通信开销；节点采用小功率与最近距离邻节点通信，形成多跳通信方式，有效地利用了能量；并且每轮只选择一个簇头与基站通信，减少了数据通信量。但单簇方法使得簇头成为关键点，其失效会导致路由失败；如果链过长，数据传输时延将会增大，不适合实时应用；并且成链算法要求节点知道其他节点位置，开销非常大。图 2.3 表示了 PEGASIS 协议沿链进行数据传输的情况。

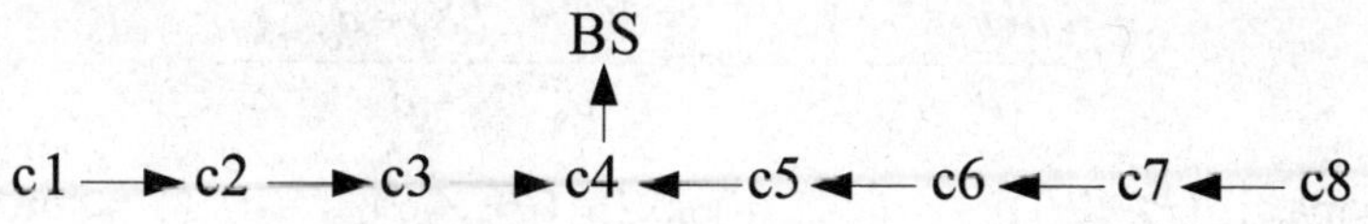

$$BS$$

$$c1 \longrightarrow c2 \longrightarrow c3 \quad \blacktriangleright c4 \longleftarrow c5 \quad c6 \longleftarrow c7 \longleftarrow c8$$

图 2.3　PEGASIS 协议沿链进行数据传输

PEGASIS 的数据融合是在一条链上依次进行的，当链路较长时，数据传输延迟较大。针对这一问题，Lindsey 等人提出了二进制和三层数据融合方案[66]，分别基于节点具有 CDMA 功能和不具有 CDMA 功能两种情况。二进制融合算法的基本思想是：数据融合在 PEGASIS 链相邻节点之间同时进行，然后逐层往上，直到最后由簇头提交给基站，如图 2.4 所示。二进制融合算法的传输层级是 $\log_2 N$（N 是节点个数）。三层融合算法的基本思想是：PEGASIS 链上多个相邻节点组成一组，每组依次进行数据融合，以此减少信号冲突。三层融合算法分为 3 层，最后由簇头负责提交数据给基站。

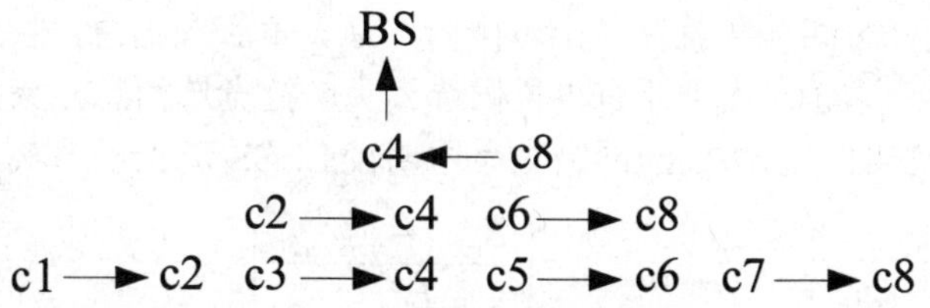

$$BS$$

$$c4 \longleftarrow c8$$

$$c2 \longrightarrow c4 \quad c6 \longrightarrow c8$$

$$c1 \longrightarrow c2 \quad c3 \longrightarrow c4 \quad c5 \longrightarrow c6 \quad c7 \longrightarrow c8$$

图 2.4　基于链的二进制数据融合方案

（3）HEED（Hybrid Energy-Efficient Distributed Clustering）[23]

与 LEACH 不同，HEED 协议采用簇间多跳的方式传输数据至基站，适合于较大规模网络。HEED 协议对节点分布和能力（如位置感知能力）没有要求，基于 4 个主要目标设计：（1）平衡能量消耗以延长网络生命时间；（2）分簇过程在确定循环次数内完成；（3）最小化控制开销（与节点数目呈线性关系）；（4）产生良好分布的簇头和结构紧凑的簇。HEED 协议簇头的选择依据主、次两个参数。主参数依赖于剩余能量，用于随机选取候选簇头集合，具有较多剩余能量的节点将有较大的概率成为簇头；次参数依赖于簇内通信代价，用于确定落在多个簇范围内的节点最终属于哪个簇，以及平衡簇头之间的负载。HEED 以簇内平均可达能量（AMRP）作为衡量簇内通信代价的标准。

$$AMRP = \frac{\sum\limits_{i=1}^{M} MinPwr_i}{M} \tag{2.9}$$

其中，M 为簇内成员节点数量，$MinPwr_i$ 为第 i 个节点能够与簇头通信的射频最小功率。由于假设传感器节点的发射功率是可以调节的，因此公式（2.9）很好地评估了一个簇的簇内通信代价。

（4）EECS（Energy Efficient Clustering Scheme）[49]

如前所述，LEACH 等算法成簇过程中节点加入距离自己最近的簇头，这种成簇方式简单易实现，但是不能保证簇的负载平衡，没有考虑到距离基站较远的簇头能量耗费过快等问题。针对这种成簇方式的问题，EECS 提出一个新的代价函数来决定普通节点加入哪个簇。

$$cost(j,i) = \omega \times f(d(P_j, CH_i)) + (1-\omega) \times g(d(CH_i, BS)) \tag{2.10}$$

$$f = \frac{d(P_j, CH_i)}{d_{f\_max}}, \quad g = \frac{d(CH_i, BS) - d_{g\_min}}{d_{g\_max} - d_{g\_min}} \qquad （2.11）$$

其中，$d_{f\_max} = \max\{d(P_j, CH_i)\}$，$d_{g\_max} = \max\{d(CH_i, BS)\}$，$d_{g\_min} = \min\{d(CH_i, BS)\}$；cost$(j, i)$ 是节点 P_j 加入簇头 i 的代价，$d(P_j, CH_i)$ 是节点 P_j 到簇头 i 的距离，$d(CH_i, BS)$ 是簇头 i 到基站的距离。公式中 f 子函数衡量普通节点与簇头之间的通信代价，g 子函数衡量簇头 i 到基站的通信代价；权值 ω 的设置则是根据具体应用，在普通节点能量与簇头能量耗费之间进行折衷，目标是最大化网络生命周期。节点 P_j 选择最小 cost(j, i) 的簇头 i 加入，从而平衡每个簇头负载。

实验结果显示，EECS 的控制消息开销较 HEED 要小，网络生命周期较 LEACH 提高 135%。但是，EECS 的簇头产生算法采用所有候选簇头在竞争范围内广播竞选消息的方式，当候选簇头较多时有较大的通信能耗。针对这一问题，Honary 等人[51]提出用计时广播的方式替代 EECS 的竞选广播方式来确定簇头。这种方式的基本思想是：每个候选簇头根据公式（2.12）计算时间进度，时间一到就在一定范围内广播竞争簇头消息，收到该消息的其他候选簇头则退出簇头竞争。这样，由于只有少量候选簇头广播竞选消息，簇头产生算法的通信能耗降低了很多。实验表明，该协议的网络生命周期较 EECS 延长了 10%。

$$T_{\text{Advertisement}} = \left(\frac{E_{\text{initial}} - E_{\text{residual}}}{E_{\text{initial}}} \right) \times t_0 \qquad （2.12）$$

其中，E_{initial} 和 E_{residual} 分别是候选簇头的初始能量和剩余能量，t_0 是广播竞选簇头消息的最大等待时间。根据公式（2.12）可知，剩余能量越大的候选簇头将越早广播消息。

（5）EEUC（Energy-Efficient Uneven Clustering）[35, 67]

EEUC 是一个非均匀分簇和簇间多跳路由有机结合的路由协议。它利用非均匀的竞争半径在靠近基站区域产生较多的簇头，使得靠近基站的簇的成员数目相对较小，从而使得这些簇头能够节约能量以供簇间数据转发使用，达到均衡簇头能量消耗的目的。此外，在簇头选择其中继节点时，不仅考虑候选节点相对基站的位置，还考虑候选节点的剩余能量，进一步均衡簇头能耗。EEUC 的临时簇头 s_i 竞争半径采用公式（2.13）计算。

$$s_i.R_{\text{comp}} = (1 - c \times \frac{d_{\max} - d(s_i, BS)}{d_{\max} - d_{\min}}) \times R_{\text{comp}}^0 \qquad （2.13）$$

其中，$d_{\max}$ 和 $d_{\min}$ 是节点至基站的最大和最小距离，$d(s_i, BS)$ 是临时簇头 s_i 和基站的距离，c 是 0～1 之间的一个常系数，R_{comp}^0 是预定的最大竞争半径。由公式（2.13）可知，临时簇头的竞争半径根据其与基站的距离不同而不同，在 $(1 - c)R_{\text{comp}}^0$ 和 R_{comp}^0 之间变化。

EEUC 的特点如下：（1）分布式的非均匀分簇算法；（2）不同于 LEACH，簇头通过局部竞争的方式产生，且不同于 HEED，算法无需迭代；（3）簇间路由采用多跳方式。实验结果表明，该路由协议有效地解决了多跳路由通信方式下簇头能量消耗不均衡的问题，优化了网络中各节点的能量消耗，显著地延长了网络的生存时间。

ACOUC[68]继承了 EEUC 的非均匀分簇结构，并且在此基础上采用基于定向扩散的蚁群优化算法（ARAWSN）进行优化。该算法采用首轮所有节点参与竞选、后续轮簇内调整的方法替代 EEUC 随机激活的周期性簇首选举策略，在簇首间通信中引入链路可靠性和实时性参数，利用 ARAWSN 在传输数据的同时对路由进行动态维护和性能优化。路径搜索采用蚁群算法进行，即搜索网络中所有的簇首和汇聚节点，以寻找从各个簇首到汇聚节点代价最小的多跳路由。仿真结果表明，该算法在能耗和链路可靠性方面比 EEUC 算法的性能更好，即在较长的时间内具有更多的存活节点，网络丢包率小。

（6）EADEEG（Energy-Aware Data Gathering Protocol）[31]

EADEEG 是一种基于簇的完全分布式和节能的 WSNs 数据收集协议。它采用计时广播的方式来产生簇头，减小了该过程中的控制消息开销，并且可以有效地应用于节点能量异构的网络场景。簇生成以后，EADEEG 在簇头集合上构造路由树，通过多跳传输的方式减少直接与基站通信的簇头数量，从而进一步降低能量开销。

在 EADEEG 协议里，每个节点需要保存一张邻居表，并根据邻居节点的平均剩余能量和自身剩余能量确定广播竞争簇头消息的等待时间。

$$t = k \times T \times \frac{E_a}{E_{residual}} \tag{2.14}$$

其中，k 是一个随机均匀分布在[0.9，1]之间的实数，T 是事先规定的簇头选择算法的持续时间，E_a 表示邻居节点的平均剩余能量，$E_{residual}$ 表示节点的剩余能量。

实验表明，EADEEG 协议的控制开销小于 LEACH、HEED 等协议，并能保证簇头在网络中的均匀分布。但是，EADEEG 存在以下有待进一步改善的问题[39]：EADEEG 协议的分簇算法在某些情况下会在监测区域产生一些缝隙区域，不能保证产生的簇头集合的连通性。针对这一问题，周新莲等人提出了一种以邻居节点的平均剩余能量与节点本身的剩余能量比值为主要参数，以节点的"度"（即邻居节点个数）作为节点竞争簇头的辅助参数的分布式分簇算法 BPEC[39]，有效地解决了 EADEEG 协议的分簇算法存在的上述问题。设 E_a 表示邻居节点的平均剩余能量，E_r 表示节点的剩余能量。该算法中节点广播竞争簇头消息的等待时间的计算分为两种情形：

情形 1　当节点满足条件：$E_r > E_a$ 时，有：

$$t_1 = \frac{E_a}{E_r} \times \frac{1}{d+1} \times T_{HD} \times \rho \tag{2.15}$$

情形 2　当节点满足条件：$E_r \leqslant E_a$ 时，有：

$$t_2 = \frac{T_{HD}}{2} + \left(1 - \frac{E_r}{E}\right) \times \frac{T_{HD}}{2} \times \rho \tag{2.16}$$

其中，E 是节点的初始能量，T_{HD} 是簇头确定的持续时间，d 是节点的"度"，ρ 是一个均匀分布在[0.9，1]之间的一个随机实数，其作用是减小两个节点可能取相同 t 值的概率。BPEC 分簇算法在网络簇头的竞争阶段共用了 T_{HD} 时间，其中前半段时间确定大部分簇头，而后半段时间则在第 1 批簇头没能覆盖的区域节点中，选择剩余能量与初始能量比值较人的节点作为剩下的少量簇头。

（7）LEACH-C 和 LEACH-F[69]

LEACH-C 和 LEACH-F 都采用集中式控制策略，由基站负责实现网络分簇，簇内和簇间路由均采用单跳方式。

LEACH 协议中每个节点根据随机数自主决定是否当选簇头，每轮产生的簇头数量变化较大，且不能保证良好的簇头分布。LEACH-C 根据全局信息挑选簇头，可以有效解决 LEACH 的这一不足。首先，每个节点向基站报告自身地理位置和能量水平。然后，基站计算节点当前平均能量，并将剩余能量大于平均能量的节点作为候选簇头。从候选簇头集合中选择一组最佳节点担任簇头是一个 NP 问题，基站采用模拟退火算法（SAA）解决该问题。最后，基站把簇头集合和簇的结构广播出去，完成网络分簇。

LEACH-F 在 LEACH-C 的基础上做了一些改变。簇的形成与 LEACH-C 一样，不同的是，一旦簇形成之后，簇的结构就不再改变，簇内节点根据基站生成的簇头列表依次成为簇头。与 LEACH 和 LEACH-C 相比，LEACH-F 最大的优点就是无须每轮循环都构造簇，减少了构造簇的开销。但是，LEACH-F 的问题是不能动态处理节点的加入、移动和失效，且增加了簇间的信号干扰。

（8）PSO-C[45]

PSO-C 是一种具有能量感知能力的分簇策略，采用 PSO 算法优化选择分簇方式，既能最小化簇内距离，又能最优化网络能耗。PSO-C 协议采用轮回机制，每一轮包括两个阶段：簇的建立和稳态阶段。簇的建立采用集中式控制策略，在基站完成，然后基站将分簇信息广播至每个节点，簇内和簇间路由均采用单跳方式。

每一轮循环簇的建立阶段，所有节点首先向基站报告位置和剩余能量。据此，基站计算出网络节点剩余能量的平均值，剩余能量大于平均值的节点成为这一轮的候选簇头。下面的问题是如何在这些候选簇头中选择一组节点为最终簇头，实现网络分簇。假设网络包含 N 个节点，预先定义分为 K 个簇，候选簇头数为 M（一般情况 $M \gg K$），则可能的分簇方式有 C_M^K 种，在其中确定最佳的分簇方式，是一个最优化问题。PSO-C 应用 PSO 算法解决这个问题，使每一个粒子代表一种可能的分簇方式，用目标函数评价其性能，设置 m 个粒子组成群体在 C_M^K 种可能的分簇方式中寻找最优解，使目标函数取得最小值。该目标函数定义如下：

$$\cos t = \beta f_1 + (1 - \beta) f_2 \qquad (2.17)$$

$$f_1 = \max_{k=1,2,\cdots K} \left\{ \sum_{\forall n_i \in C_{p,k}} d(n_i, CH_{p,k}) / |C_{p,k}| \right\}, \quad f_2 = \sum_{i=1}^{N} E(n_i) / \sum_{k=1}^{K} E(CH_{p,k}) \qquad (2.18)$$

其中，f_1 为分簇紧凑性评价因子，等于节点至对应簇头的最大平均欧氏距离，$|C_{p,k}|$ 是粒子 p 中簇 C_k 的节点数目；f_2 为簇头能量评价因子，等于网络中所有节点当前能量之和除以全部簇头当前能量之和；β 为各评价因子的权重系数。根据目标函数的定义，最小的适应值表明对应的分簇方式同时满足：（1）节点至对应簇头的平均欧氏距离较小，即簇的几何大小紧凑，由 f_1 量化；（2）簇头能量之和较大，由 f_2 量化。这样的网络分簇能最小化簇内能耗，均衡网络能耗，以最大限度延长节点和网络生存时间。

仿真结果显示，当基站位于网络中心和网络外部时，与 LEACH 和 LEACH-C 协议比较，PSO-C 都能明显提高网络生存时间。

（9）CEB-UC（Cell Energy Balanced Uneven Clustering）[56]

CEB-UC 是一种基于分区能耗均衡的多跳非均匀分簇算法。其核心思想是：将 WSNs 合理分区，使得在靠近汇聚节点分区内的簇数量较多，各簇内成员节点数较少；在远离汇聚节点分区内的簇数量较少，各簇内的成员节点数较多，从而保证承担数据中继转发任务的簇头能减少自身的簇内通信开销，节约的能量可供簇间数据转发使用；任意分区的簇头在选择下一跳中继节点时综合考虑候选节点的位置及剩余能量。

CEB-UC 算法将 WSNs 部署区域分为 K 个分区，记为 $P_1, P_2 \cdots P_K$，每个分区中具有相同（或大致相同）数目的传感器节点。规定：P_1 区内的簇头与汇聚节点可直接通信，其余分区的簇头通过多跳通信方式与汇聚节点通信。$P_1, P_2 \cdots P_{K-1}$ 分区内的簇头不仅要管理簇内节点，融合各节点数据并传输至下一跳节点，还要承担其他分区的数据中继任务，而在 P_K 分区内的簇头则不需负担数据中继的责任。因此，定义 $P_1, P_2 \cdots P_{K-1}$ 内的簇头为完全责任簇头，P_K 内的簇头为部分责任簇头。各分区内的节点依据自身剩余能量与邻居节点平均剩余能量通过局部竞争产生簇头，簇头数目根据各分区能耗相等的原则计算确定。

仿真实验结果表明，以 HEED、LEACH、PEGASIS 等协议为参照，CEB-UC 算法能有效平衡网络节点能耗，延长网络部署半径，降低簇头能耗，提高网络寿命。

（10）CDAT（Cluster-based Data Aggregation and Transmission Protocol）[48]

CDAT 是一种基于分簇的 WSNs 数据汇聚传送协议。CDAT 通过均衡能耗的分簇方法及数据预测传送机制，可以有效延长网络的生命周期。CDAT 协议和大部分分簇协议一样是按轮运行的，每轮分为簇头的选取、数据聚合和数据传送 3 个阶段。在簇头选取阶段，根据具体应用期望的无缝覆盖率与所需要簇头数的数学关系确定节点竞选簇头的初始概率，以此获得期望的簇头数，并联合节点的剩余能量和最小度来选取簇头，使得每一轮中具有最小度的节点成为簇头。假设应用提出的网络无缝覆盖率为 η，则簇头数 k 为：

$$k = \left\lceil \frac{\ln(1-\eta)}{\ln(1-3\sqrt{3}r^2/2L^2)} \right\rceil \qquad (2.19)$$

其中，r 为单个节点覆盖区域半径，L 为正方形监测区域的边长。节点 i 成为簇头的概率为：

$$P_{i-\mathrm{ch}} = \max\left\{ \frac{k}{N} \times \frac{E_{i-\mathrm{current}}}{E_{\mathrm{origin}}}, \frac{k}{N} \times \frac{E_{\min}}{E_{\mathrm{origin}}} \right\} \qquad (2.20)$$

其中，k 由公式（2.19）确定，k/N 主要是为了限制初始簇头的数量，$E_{i\text{-current}}$ 表示节点当前的能量，E_{origin} 表示节点初始的能量。$E_{\min}$ 表示簇头能量的最小阈值，当节点的能量小于 $E_{\min}$ 时，该节点不再参与簇头的竞争。

在数据聚合阶段，簇头广播消息，接收所有加入该簇的成员节点，然后对簇内数据进行聚合。在数据传送阶段，利用数据在时间上的相关性，簇头在满足传送精度的要求下，采用预测传送机制将数据传送给基站。考虑到簇头的能量有限和数据在时间上的相关性，采用简单的中心化自回归（AR）模型，通过该机制，网络有效地减少了数据传送的次数。理论分析和模拟实验结果表明，CDAT 协议在满足应用期望的服务质量要求下，通过均衡能耗、减少数据传送次数，使得网络生命周期优于 LEACH、PEGASIS 等协议。

2. 比较与分析

综上所述，大量研究人员提出了很多 WSNs 分簇路由协议和算法。它们都是针对特定的应用而设计的，在不同的环境中表现出各自的特点和优势，因此不能绝对地判断哪种协议最优。在表 2.2 中，从 7 个方面对上述的典型协议提出的算法进行比较，并对比了上述典型协议的 6 个方面的性能：A 为簇头产生算法；B 为簇的形成算法；C 为数据传输算法；D 为簇头产生方式（C 代表集中式，D 代表分布式）；E 为分布式簇头竞选方式（ZJ 代表自荐方式，JX 代表竞选广播，JS 代表计时广播）；F 为网络分簇方式（EC 代表均匀分簇，UC 代表非均匀分簇）；G 为簇间路由方式；H 为簇的形成速度；I 为簇的形成开销（簇的形成过程中节点总能耗）；J 为簇的负载均衡性；K 为算法健壮性；L 为算法扩展性；M 为网络生存周期。

表 2.2　　　　　　　　　　　　　　典型分簇路由协议比较

	A	B	C	D	E	F	G	H	I	J	K	L	M
LEACH	√	√	√	D	ZJ	EC	单跳	较快	中	差	好	较好	差
LEACH-C	√	√	—	C	—	EC	—	慢	较低	较好	好	较差	较好
PEGASIS	√	√	√	D	ZJ	—	单跳	慢	低	差	差	差	中
TEEN	—	—	√	—	—	EC	单跳	—	—	—	较差	好	较好
HEED	√	√	—	D	JX	EC	—	快	较高	好	好	好	好
EECS	√	√	—	D	JX	UC	—	较慢	中	好	好	好	较好
EEUC	√	√	√	D	JX	UC	多跳	较快	较高	好	好	好	好
EADEEG	√	√	√	D	JS	EC	多跳	较慢	低	好	好	好	好
PSO-C	√	√	—	C	—	EC	—	慢	较低	好	好	较差	好
CEB-UC	√	√	√	D	JX	UC	多跳	较慢	较高	好	好	好	好
CDAT	√	√	√	C	ZJ	EC	多跳	较慢	中	好	好	好	好

从表 2.2 中的比较可以看出，典型的 WSNs 分簇路由协议各有各的优缺点，并没有哪个协议所有方面的性能都最优，适合于所有实际应用要求。

簇头产生方式上，集中式算法有全局观，负载均衡性、健壮性较好；但是需要节点周期性汇报状态，有一些通信开销，而且网络扩展性较差，不适合大规模网络。分布式算法有较好的扩展性，但是对算法本身要求较高，否则容易出现能耗不均衡的现象，而且需要一定的控制消息开销和较严格的时间同步。

网络分簇方式上，均匀分簇算法实现简单，网络中簇的规模大致相同，因而簇内通信能耗也大致相当，但是由于簇头距离基站远近不同，簇间通信能耗不平衡；非均匀分簇算法从整体上考虑网络能耗均衡问题，通过簇内能耗的不平衡来补偿簇间能耗的不平衡，力图使网络中不同簇之间的整体能耗达到平衡，但是非均匀分簇算法在设计中需要考虑的因素更多，实现也较为复杂，而且不同簇的成员节点之间的能耗不平衡问题也不容忽视。

簇间路由方式上，单跳路由简单，但是簇头发送数据至基站的能耗不平衡，并且网络规模受到节点发送功率的限制；多跳路由适合于更大规模的网络，总体能耗较单跳路由小，但是靠近基站的节点由于承担更多的数据中继任务而消耗更多的能量，可能过早失效而导致簇间通信链路断开，这一问题必须妥善处理。

2.4.7　存在问题及发展方向

高能效的路由协议是延长 WSNs 生命周期的重要手段，对于大规模网络，簇结构的层次路由协议显示出了其特有的优势。近年来，国内外众多学者研究提出了大量优秀的分簇路由协议和算法，使得 WSNs 分簇路由技术正在快速发展和走向成熟。但是仔细总结和分析，还是存在一些需要进一步改进和有待发展完善的地方，主要表现在以下几个方面。

1．提高网络能耗的均衡性

能耗是 WSNs 路由技术的核心问题，如果某些节点或者某些区域能量消耗过快，出现"热点"问题或者"能量空洞"现象，则容易造成网络缺失或分割，不仅影响网络性能，也会导致网络生命周期缩短。近年来，不少分簇协议和算法针对这个问题而提出，但往往只考虑了某个方面或某个阶段网络能耗的均衡性。比如 EEUC 协议，将网络非均匀分簇与簇间多跳路由有机结合，在均衡网络能耗方面取得了良好的效果。但是，EEUC 协议主要均衡了簇头间的能耗，而由于采用了非均匀分簇，不同簇的成员节点之间的能耗差异较明显。另一方面，目前大部分的分簇协议中簇头和成员节点之间都采用单跳通信，当簇的规模较大时，成员节点间的能耗差异是很明显的。文献[70]针对这一问题，提出了簇成员节点以一定概率在单跳和多跳间切换的混合通信模式，以平衡成员节点间的能耗。实际上，整个分簇路由协议的设计，即簇头的选择、簇的划分和簇的路由（包括簇内路由和簇间路由）这 3 个方面都对网络能耗的均衡性产生影响，它们应该结合起来考虑，形成一个有机整体，才能更好地节约节点能量、均衡网络能耗、延长网络生命周期。

2. 充分结合多种因素，改善簇头选择的合理性

簇头是簇的核心，负责簇内数据的收集及融合，并管理簇事务。簇头的选择方法以及簇的划分方法对整个网络具有重大影响，关系到整个网络生命时间长短。到目前为止，以节点剩余能量多少选择簇头是大多数算法普遍采用的方式，在一定程度上均衡了网络负载。但是，对于 WSNs 这种复杂的网络环境，仅靠剩余能量选择簇头显得并不充分，还需要综合考虑其他因素，如节点的地理位置信息、节点到基站的距离以及节点的邻居信息等。

3. 簇的轮转周期优化问题

分簇路由协议的执行过程通常分为簇的建立阶段和数据传输阶段。在簇的建立阶段不能传输数据，从而导致事件延迟，所以应尽可能地缩短这个阶段。由于每次簇的建立都有开销，为了提高效率，应尽量延长数据传输阶段，增大数据传输阶段和簇的建立阶段的比值。但是每轮的周期又不能太长，否则对网络的变化（如簇头能量耗尽、新节点加入、节点失效等）响应太慢。另外，如果形成静态的簇，每次轮换只需要重新选择簇头，则轮换的开销和时间都会减小。这些问题值得研究，文献[71]在这方面做出了有益的探索。

4. 提高数据传输的可靠性

尽可能地节约能量是 WSNs 路由设计的一个基本目标。同时，由于 WSNs 工作环境及工作模式的特殊性，使得通信链路的稳定性难以保证，通道质量比较低，再加上网络拓扑变化比较频繁。因此，提高可靠性是分簇路由设计的另一个重要目标。目前，很多分簇协议和算法没有考虑可靠性问题。因此，高可靠性分簇路由协议的研究是 WSNs 路由技术发展的一个重要方向，文献[72，73]都在这方面做出了有益的探索。研究高可靠性分簇路由的难点在于：（1）在建立可靠性路由的时候一般有大量控制信息需要交互，增加了系统的开销，这对于能量有限的 WSNs 而言是一个大问题；（2）现有的可靠数据传输方法对路由的维护较为复杂，时间延迟较大，难以直接应用于 WSNs；（3）现有高可靠性路由协议大多研究节点静止情况下的数据传输，而传感器节点变化一般较为频繁，网络的拓扑结构具有动态性。

5. 充分利用数据预测和能量预测技术，延长网络生命周期

无线传感器网络在观测区域内的节点数量通常庞大，尽管各节点测量值存在差异，但对于一个相对稳定的被监测对象，网络运行过程中可能出现收发大量的雷同数据甚至不必要的数据造成网络能量浪费。因此，在高密度、实时性和精度要求不高的 WSNs 应用中，节点数据预测技术能有效降低节点数据查询频率，减少节点能耗和降低网络信道拥塞的风险。文献[48，74]在数据预测方面做出了有益的探索。能量预测技术一般通过预测传感器节点在一段时间后的剩余能量，来调整和改善簇头的选择，从而使高剩余能量且能耗较慢的节点能够在每一轮中被优先选为簇头，以平衡网络节点之间的能耗，防止个别或部分节点过快死亡。文献[75，76]在能量预测方面做出了有益的探索。

6. 智能优化算法在分簇路由协议中的应用研究需进一步深入

分簇路由协议的设计包括两个方面的问题，网络分簇和簇的路由。网络分簇所面临的主要问题是：要在众多节点中选择一组节点担任簇头，可能解的数量具有很大的数量级；要定期重新选择簇头；节点自身的状况（如剩余能量）和邻居节点的状况（如剩余能量、数量）随着网络的运行在不断变化。簇的路由设计在这里主要指簇间路由设计，即簇头之间如何构建一条能量有效路由，考虑的因素不仅是路径最短，还需考虑其他多个因素。针对这些问题，国内外很多学者在分簇协议设计中引入一些优化算法，如模拟退火算法（SAA）、遗传算法（GA）、粒子群算法（PSO）、蚁群算法（ACO）和 SIC（Social Insect Colonies）[77]等，取得了良好的效果。但是，这些优化算法在分簇路由协议中的应用还存在一些问题，例如，优化算法所需信息的获取方式，优化算法的复杂度及其计算能耗的评估，优化算法的执行方式。

7. 研究集分布式和集中式于一体的高能效路由

分布式算法依据网络局部信息，自适应的构建簇和簇的路由，具有较好的扩展性，但由于缺乏全局知识，容易出现网络能耗不均衡问题。集中式算法在网络整体权衡的基础上设计更为合理的分簇策略和路由机制，但是需要收集大量网络信息，耗能较大，而且也增加了网络延迟。路由算法的集中式和分布式各有优缺点，因此，将两者相结合，充分利用各自优点，构建更为合理高效的路由是 WSNs 路由技术发展的一个重要方向。目前，已经有研究人员关注这个方向。例如，文献[78]提出了一种基于 ARMA 流量预测的单元格带管理节点的分簇路由协议 ACRP，该协议的主要思想是利用可补充能量的汇聚节点采用集中式方式将传感器节点覆盖的区域固定划分为许多单元格，每个单元格作为一个簇。在每个簇中设置一个管理节点，管理节点基于 ARMA 模型的流量预测，以分布式方式实现每个簇中簇头的重新选举。

此外，虽然目前的 WSNs 分簇算法强调节能性和负载均衡性，未来随着应用对实时性和带宽的更高要求，如视频和图像传感，以及实时追踪等方面的应用，能量感知的 QoS 分簇路由将越来越受到重视，文献[50]在这个方面做出了有益的探索。另外，分簇技术的安全性、簇覆盖以及应用相关的节点部署等问题也值得深入研究。

2.5 本章小结

由于传感器节点资源受限，能量有效路由是 WSNs 重要的核心技术之一。分簇路由具有拓扑管理方便、能量利用高效以及数据融合简单等优点，成为当前重点研究的路由技术。本章分析了 WSNs 分簇路由的拓扑结构、核心问题和性能评价标准，着重从簇头的产生、簇的形成和簇的路由角度系统地总结了当前重要的分簇路由算法。重点介绍了几个典型的分簇路由协议，比较和分析了这些协议的特点、性能和适用情况。最后结合该领域当前研究现状，指出分簇路由技术未来的发展方向。

参考文献

[1] 孙利民，李建中，陈渝. 无线传感器网络[M]. 北京：清华大学出版社，2005.

[2] 俞黎阳. 无线传感器网络网格状分簇路由协议和数据融合算法的研究[D]. 上海：华东师范大学，2007.

[3] 唐勇，周明天，张欣. 无线传感器网络路由协议研究进展[J]. 软件学报，2006，17

（3）：410-421.

[4] Heinzelman W R，Kulik J，Balakrishnan H. Adaptive protocols for information dissemination in wireless sensor networks [C]. Proceedings of the ACM MobilCom'99. Seattle：ACM Press，1999：174-185.

[5] Sohrabi K，Gao J，Ailawadhi V，et al. Protocols for self-organization of a wireless sensor network [J]. IEEE Personal Communications，2000，7（5）：16-27.

[6] Intanagonwiwat C，Govindan R，Estrin D，et al. Directed diffusion for wireless sensor networking [J]. IEEE/ACM Transactions on Networking，2003，11（1）：2-16.

[7] Braginsky D，Estrin D. Rumor routing algorithm for sensor networks [C]. Proceedings of the 1st Workshop on Sensor Networks and Applications. Atlanta：ACM Press，2002：22-31.

[8] Hedetniemi S，Liestman A. A survey of gossiping and broadcasting in communication networks [J]. Networks，1998，18（4）：319-349.

[9] Madden S，Franklin M J，Hellerstein J M. The design of an acquisitional query processor for sensor networks [C]. ACM SIGMOD Int'l Conference on Management of Data. San Diego，California，2003.

[10] Niculescu D，Nath B. Trajectory based forwarding and its applications [C]. Annual Int'l Conference on Mobile Computing and Networking（MOBICOM 2003）. San Diego，2003.

[11] 江贺，刘文杰，张宪超. 无线传感器网络路由协议研究进展[J]. 小型微型计算机系统，2007，28（4）：594-599.

[12] Yu H，Zeng P，Wang Z，et al. Study of communication protocol of distributed sensor networks [J]. Journal of China Institute of Communications，2004，25（10）：102-110.

[13] 沈波，张世永，钟亦平. 无线传感器网络分簇路由协议[J]. 软件学报，2006，17（7）：1588-1600.

[14] Chen W，Li W，Shou H. A QoS-based adaptive clustering algorithm for wireless sensor networks [C]. Proceedings of IEEE International Conference on Mechatronics and Automation，2006：1947-1952.

[15] Chen B，Jamieson K，Balakrishnan H. Span：An energy-efficient coordination algorithm for topology maintenance in ad hoc wireless networks [J]. Wireless Networks，2002，8（5）：481-494.

[16] Al-Karaki J，Kamal A. Routing techniques in wireless sensor networks：A survey [J]. IEEE Wireless Communications，2004，11（6）：6-28.

[17] Akkaya K，Younis M. A survey of routing protocols in wireless sensor networks [J]. Ad Hoc Networks，2005，3（3）：325-349.

[18] Heinzelman W，Chandrakasan A，Balakrishnan H. Energy-efficient communication protocol for wireless microsensor networks [C]. Proceedings of the 33rd Hawaii International Conference on System Science（HICSS'00），2000.

[19] Gholampour V，Shiva M. Adaptive topology control for Wireless Sensor Networks [J]. Wireless and Optical Communications Networks，2005，546-550.

[20] Chen Y，Liestman A，Liu J. Energy efficient data aggregation hierarchy for wireless sensor networks [C]. Proceedings of the Second International Conference on Quality of Service in

Heterogeneous Wired/Wireless Networks（QSHINE）. Orlando，FL，2005：7-15.

[21] 贾永灿，刘玉华，许凯华，et al. WSN 中基于 LEACH 的多层分簇路由方案[J]. 计算机工程，2009，35（11）：74-76.

[22] Manjeshwar A，Grawal D. TEEN: A protocol for enhanced efficiency in wireless sensor networks [C]. Proceedings of the 15th Parallel and Distributed Processing Symposium. San Francisco：IEEE Computer Society，2001．2009-2015.

[23] Younis O，Fahmy S. Distributed clustering in ad-hoc sensor networks：A hybrid, energy-efficient approach [J]. IEEE Transactions on Mobile Computing，2004，3（4）：660-669.

[24] Chan H，Perrig A. ACE: An emergent algorithm for highly uniform cluster formation [C]. Proceedings of the 1st European Workshop on Wireless Sensor Networks. LNCS 2920，Berlin：Springer-Verlag，2004：154-171.

[25] Fang Q，Zhao F，Guibas L. Lightweight sensing and communication protocols for target enumeration and aggregation [C]. Proceedings of the 4th ACM Int'l Symposium on Mobile Ad Hoc Networking & Computing. ACM Press，2003：165-176.

[26] Heinzelman W B，Chandrakasan A P，Balakrishnan H. An application-specific protocol architecture for wireless microsensor networks [J]. IEEE Transactions on Wireless Communications，2002，1（4）：660-670.

[27] Murata T，Ishibuchi H. Performance evaluation of genetic algorithms for flowshop scheduling problems [C]. Proceedings of the 1st IEEE Conference on Evolutionary Computation. Orlando：IEEE Press，1994：812-817.

[28] Kennedy J，Eberhart R C. Particle swarm optimization [C]. IEEE International Conference on Neural Networks. Perth，Australia，1995：1942-1948.

[29] Younis M，Youssef M，Arisha K. Energy-aware routing in cluster-based sensor networks [C]. Proceedings of the 10th IEEE Int'l Symposium on Modeling，Analysis and Simulation of Computer and Telecommunications Systems. Fort Worth：IEEE Computer Society，2002：129-136.

[30] 胡静，沈连丰. 基于博弈论的无线传感器网络分簇路由协议[J]. 东南大学学报（自然科学版），2010，40（3）：441-445.

[31] 刘明，曹建农，陈贵海. 能量感知的无线传感器网络数据收集协议[J]. 软件学报，2007，18（5）：1092-1108.

[32] Liang Y，Yu H. Energy adaptive cluster head selection for wireless sensor networks [C]. Proceedings of the Sixth International Conference on Parallel and Distributed Computing，Applications and Technologies（PDCAT），2005：634-638.

[33] 卿利，朱清新，王明文. 异构传感器网络的分布式能量有效成簇算法[J]. 软件学报，2006，17（3）：481-489.

[34] 周祖德，胡鹏，李方敏. 无线传感器网络分簇通信协议的可靠性方案[J]. 通信学报，2008，29（5）：114-121.

[35] Li C，Ye M，Chen G, et al. An energy-efficient unequal clustering mechanism for wireless sensor networks [C]. IEEE International Conference on Mobile Adhoc and Sensor Systems. Washington，DC，2005：597-604.

[36] Eimon A，Hong C S，Suda T. EAREC: Energy aware routing with efficient clustering for

sensor networks [C]. Proceedings of the 3rd IEEE Consumer Communications and Networking Conference. Lasvegas，USA，2006：330-335.

[37] Chatterjee M，Das S K，Turgut D. A weighted clustering algorithm for mobile ad hoc networks [J]. Cluster Computing，2002，5（2）：193-204.

[38] Chang R，Kuo C. An energy efficient routing mechanism for wireless sensor networks [C]. Proceedings of the 20th International Conference on AINA'2006. Vienna，Austria，2006：308-312.

[39] 周新莲，吴敏，徐建波. BPEC:无线传感器网络中一种能量感知的分布式分簇算法 [J]. 计算机研究与发展，2009，45（5）：723-730.

[40] Yang M，Wang J，Gao Z，et al. Coordinated robust routing by dual cluster heads in layered wireless sensor networks [C]. Proceedings of IEEE 8th International Symposium on Parallel Architectures，Algorithms and Networks（ISPAN'05），2005：454-461.

[41] Khadivi A，Shiva M，Yazdani N. EPMPAC: An efficient power management protocol with adaptive clustering for wireless sensor networks [C]. Proceedings of the IEEE International Conference on Wireless Communications，Networking and Mobile Computing. Wuhan，China，2005：1108-1111.

[42] Uppu N，Subrahmanyam B，Garimella R. Energy efficient routing technique for ad-hoc sensor networks [C]. IEEE Sensors Applications Symposium（SAS 2008）. Atlanta，GA，2008：228-232.

[43] 苏淼，钱海，王煦法. 基于蚁群的无线传感器网络双簇头算法[J]. 计算机工程，2008，34（13）：174-176.

[44] 周琴，李腊元. 基于双簇头的无线传感器网络多跳路由协议[J]. 武汉理工大学学报，2010，32（2）：202-205.

[45] Latiff N M A，Tsimenidis C C，Sharif B S. Energy-aware clustering for wireless sensor networks using particle swarm optimization [C]. IEEE 18th International Symposium on Personal，Indoor and Mobile Radio Communications. Athens，2007：1-5.

[46] Ziyadi M，Yasami K，Abolhassani B. Adaptive clustering for energy efficient wireless sensor networks based on ant colony optimization [C]. Seventh Annual Communication Networks and Services Research Conference. IEEE Computer Society，2009：330-334.

[47] Handy M J，Haase M，Timmermann D. Low energy adaptive clustering hierarchy with deterministic cluster-head selection [C]. Proceedings of the 4th IEEE Conference on Mobile and Wireless Communications Networks. Stockholm：IEEE Communications Society，2002：368-372.

[48] 杨军，张德运，张云翼，et al. 基于分簇的无线传感器网络数据汇聚传送协议[J]. 软件学报，2010，21（5）：1127-1137.

[49] Ye M，Li C，Chen G. An energy efficient clustering scheme in wireless sensor networks [C]. Proceedings of the IEEE Int'l Performance Computing and Communications Conference，2005：535-540.

[50] 李瑞芳，李仁发，罗娟. ARDCH:适于多媒体传感器网络的自适应周期分簇机制[J]. 通信学报，2010，31（2）：22-28.

[51] Honary M T，Chitizadeh J，Tashtarian F. A competitive clustering scheme for prolonging the lifetime of wireless sensor networks [C]. The 6th International Conference on Information，

Communications & Signal Processing. Singapore，2007：1-5.

[52] Lee S，Lee J，Sin H. An energy-efficient distributed unequal clustering protocol for wireless sensor networks [C]. World Academy of Science，Engineering and Technology，2008：443-447.

[53] Zhang Z，Yu F，Zhang B. An adaptive energy-efficient clustering protocol for data collection in sensor networks [C]. International Joint Conference on Computational Sciences and Optimization. IEEE Computer Society，2009：406-409.

[54] 李志宇，史浩山. 一种负载均衡的无线传感器网络自适应分簇算法[J]. 西北工业大学学报，2009，27（6）：822-826.

[55] Lee S，Yoo J，TC. C. Distance-based energy efficient clustering for wireless sensor networks [C]. Proceedings of the 29th Annual IEEE International Conference on Local Computer Networks（LCN'2004），2004：567-568.

[56] 王毅，张德运，梁涛涛. 无线传感器网络分区能耗均衡的非均匀分簇算法[J]. 西安交通大学学报，2008，42（4）：389-394.

[57] Ghiasi S，Srivastava A，Yang X，et al. Optimal energy aware clustering in sensor networks [J]. MDPI Sensors，2002，2（7）：258-269.

[58] Muruganathan S，Ma D，Bhasin R，et al. A centralized energy-efficient routing protocol for wireless sensor networks [J]. IEEE Communications Magazine，2005，43（3）：8-13.

[59] Tillett J，Rao R，Sahin F. Cluster-head identification in ad hoc sensor networks using particle swarm optimization [C]. IEEE International Conference on Personal Wireless Communications，2002：201-205.

[60] Younis M，Munshi P，Gupta G，et al. On efficient clustering of wireless sensor networks [C]. Proceedings of the Second IEEE Workshop on Dependability and Security in Sensor Networks and Systems（DSSNS'06），2006：78-87.

[61]Ho S，Su X. CuMPE: Cluster-management and power-efficient protocol for wireless sensor networks [J]. Information Technology：Research and Education，2005，60-67.

[62] Manjeshwar A，Agrawal D. APTEEN: a hybrid protocol for efficient routing and comprehensive information retrieval in wireless sensor networks [C]. Proceedings of International Parallel and Distributed Processing Symposium，2002：195-202.

[63] 曹涌涛，何晨，蒋铃鸽，et al. 一种基于自适应退避策略的无线传感器网络分簇算法[J]. 上海交通大学学报，2006，40（7）：1126-1129.

[64] 陈磊，赵保华. 低能耗自适应分簇的面向数据融合的路由协议[J]. 北京邮电大学学报，2009，32（5）：71-74.

[65] Lindsey S，Raghavendra C S. PEGASIS: Power-efficient gathering in sensor information systems [C]. Proceedings of the IEEE Aerospace Conference. Big Sky，Montana，2002.

[66] Lindsey S，Raghavendra C S，Sivalingam K. Data gathering in sensor networks using the energy delay metric [C]. Proceedings of the IPDPS Workshop on Issues in Wireless Networks and Mobile Computing. San Francisco：IEEE Computer Society，2001：2001-2008.

[67] 李成法,陈贵海,叶懋,et al. 一种基于非均匀分簇的无线传感器网络路由协议[J]. 计算机学报，2007，30（1）：88-91.

[68] 张荣博，曹建福. 利用蚁群优化的非均匀分簇无线传感器网络路由算法[J]. 西安交通大学学报，2010，44（6）：33-38.

[69] Heinzelman W. Application-specific protocol architectures for wireless networks [D]. Boston：Massachusetts Institute of Technology，2000.

[70] 孙勇，景博，张宗麟. 分簇路由的无线传感器网络通信模式与能量有效性研究[J]. 电子与信息学报，2007，29（9）：2262-2264.

[71] Xiang M，Shi W R，Jiang C J，et al. Energy-efficient clustering algorithm for maximizing lifetime of wireless sensor networks [J]. AEU-International Journal of Electronic & Communication，2010，64（4）：289-298.

[72] 方维维，钱德沛. 分簇无线传感器网络可靠高效的数据传输方案[J]. 西安交通大学学报，2009，43（8）：28-32.

[73] 冯冬芹，李光辉，全剑敏，et al. 基于簇头冗余的无线传感器网络可靠性研究[J]. 浙江大学学报（工学版），2009，43（5）：849-854.

[74] 向敏，石为人，蒋畅江，et al. 基于簇头预测的无线传感器网络节能算法[J]. 计算机工程，2008，34（18）：27-29.

[75] 邹学玉，曹阳. 基于能耗预测的 WSN 单跳路由分簇算法[J]. 华南理工大学学报（自然科学版），2008，36（5）：13-18.

[76] 林恺，赵海，尹震宇. 一种基于能量预测的无线传感器网络分簇算法[J]. 电子学报，2008，36（4）：824-828.

[77] Cheng C-T，Tse C K，Lau F C M. A clustering algorithm for wireless sensor networks based on social insect colonies [J]. IEEE Sensors Journal，2011，11（3）：711-721.

[78] 韩志杰，王汝传，凡高娟，et al. 一种基于 ARMA 的 WSN 非均衡分簇路由算法 2010 [J]. 电子学报，2010，38（4）：865-869.

第3章 基于 PSO 的两层分簇路由协议

3.1 引言

网络分簇包括簇的形成和簇头的选择两个方面，其关键问题是如何在节点剩余能量随网络运行不断减少时，动态快速有效地寻找一组最佳节点担任簇首，使形成的网络分簇既能减少簇内节点能耗，又能使整个网络能量消耗均衡。这是一个 NP 难问题。基于群体随机选择的进化算法（如 PSO 和 GA），由于它们可以有效避免陷入局部最优解，找到全局最优解，适合于解决这个难题。

国内外学者基于 PSO 算法提出了多种网络分簇算法。梁英等提出运用 PSO 算法优化分簇过程[1]，避免网络过早的出现盲节点现象。但由于是在 LEACH 算法预分簇的基础上运用 PSO 优化簇首选择，因此不能有效控制网络分簇的均匀性与合理性，而且优化过程需要消耗额外的能量。邹学玉等提出基于离散粒子群（DPSO）的单跳路由分簇协议（DPSOCA）[2]，该协议应用 DPSO 优化簇首选择过程，采用无竞争开销的方式选举一组最佳节点担任簇首，能有效地均衡网络节点的能量消耗和显著地延长网络寿命。但是，该协议假设所有节点初始能量相同，位置信息已知，适用范围有一定局限性。Tillett 等应用粒子群算法解决网络分簇问题[3]，提出均匀分簇（每个簇的节点数量及候选簇头数量相等）的思想以最小化节点能耗，而且最大化收集的数据量。但对于节点分布不均匀的网络，这种分簇方法可能造成各簇数量规模相等，而几何规模差异较大的情况，从而使得簇间能量消耗不均；同时，文献[3]只是提出了这样一种分簇思想，并没有具体应用于 WSNs，也没有与其他典型的分簇算法进行性能比较。Latiff 等提出一种具有能量感知能力的分簇策略[4]，采用 PSO 算法优化选择分簇方式，既能最小化簇内距离，又能最优化网络能耗，与 LEACH 和 LEACH-C 比较，该协议能有效延长网络生存周期。但由于采用簇间单跳路由，没有考虑到簇头传输信息至基站时的能耗不均，当基站位于目标区域以外时，该协议将导致距离基站较远的节点成块死亡，网络出现"能量空洞"问题。

针对文献[4]分簇策略中存在的问题，本章提出能量均衡的两层体系结构的分簇路由协议 TL-EBC，以降低单个节点能耗、平衡网络能耗，从而延长网络生存时间。协议底层应用文献[4]提出的方法实现网络节点优化分簇。第二层设置总簇头负责收集、处理簇头数据并发送至基站，以平衡各簇头发送信息至基站的能耗。

3.2　PSO 算法简介

粒子群优化（Particle Swarm Optimization，PSO）算法是近年来发展起来的一种新的基于群体智能的进化计算技术，最初由 Kennedy 和 Eberhart 于 1995 年提出，源于对鸟群觅食过程中的迁徙和群集行为的研究。

3.2.1　算法原理

粒子群优化（PSO）算法和其他进化算法（如遗传算法）类似，也是基于"种群"（Swarm）和"进化"（Evolution）的概念，通过个体间的协作与竞争，实现复杂空间最优解的搜索。但是，PSO 算法又不像其他进化算法那样对个体进行交叉、变异和选择等进化算子操作，而是将群体中的个体看作是在 D 维搜索空间中的一个没有体积和质量的粒子，每个粒子在解空间中以一定的速度运动。PSO 算法首先生成初始种群，即在可行解空间中随机初始化一群粒子，每个粒子都是优化问题的一个可行解，通过目标函数确定的适应值（Fitness Value）来评价解的品质，并经逐代搜索最后得到最优解。在每一代中，粒子将跟踪两个极值，一是粒子本身迄今找到的最优解 $pbest$，另一个是全种群迄今找到的最优解 $gbest$。

假设在一个 D 维的目标搜索空间中，群体规模为 m，群体中每个粒子 i（$1 \leqslant i \leqslant m$）有如下属性：第 t 步迭代时，在 D 维空间中的位置为 $X_i = (x_{i1}, x_{i2}, \cdots, x_{id})$，飞行速度为 $V_i = (v_{i1}, v_{i2}, \cdots, v_{id})$，经历过的最好位置（有最好适应值）记为 $P_i = (p_{i1}, p_{i2}, \cdots, p_{id})$。在整个群体中，所有粒子经历过的最好位置为 $P_g = (p_{g1}, p_{g2}, \cdots, p_{gd})$。第 t 代的粒子根据下面公式更新自己的速度和位置[5]：

$$v_{id} = wv_{id} + c_1 r_1 (p_{id} - x_{id}) + c_2 r_2 (p_{gd} - x_{id}) \tag{3.1}$$

$$x_{id} = x_{id} + v_{id} \tag{3.2}$$

其中，w 为惯性权重；c_1 和 c_2 为学习因子，也称加速常数（Acceleration Constant）；r_1 和 r_2 是 $[0,1]$ 之间的随机数。公式（3.1）由 3 部分组成，第一部分为"惯性"（Inertia）或"动量"（Momentum）部分，反映了粒子的运动"习惯"（Habit），代表粒子有维持自己先前速度的趋势；第二部分为认知部分（Cognition Modal），是一个从粒子当前位置指向自身最好位置的矢量，表示粒子的动作来源于自身经验，代表粒子有向自身最好位置逼近的趋势；第三部分为社会部分（Social Modal），是一个从粒子当前位置指向群体最好位置的矢量，反映了粒子间的协同合作和知识共享，代表粒子有向群体最好位置逼近的趋势。这 3 个部分共同决定了粒子的空间搜索能力，在它们的共同作用下粒子才能有效地到达最好位置：第一部分起到了平衡局部搜索能力和全局搜索能力的作用；第二部分使粒子有了足够强的全局搜索能力，避免局部极小；第三部分体现了粒子间的信息共享。

更新过程中，粒子每一维的位置和速度都被限制在允许范围之内。假设第 $d(1 \leqslant d \leqslant D)$ 维的位置变化范围为 $[-x_{d\max}, x_{d\max}]$，速度变化范围为 $[-v_{d\max}, v_{d\max}]$，迭代中如果位置和速度超过边界范围则取边界值。$v_{d\max}$ 的选择通常凭经验给定，一般设定为问题空间的 10%～20%。如果 $v_{d\max}$ 太大，粒子运动轨迹可能失去规律性，甚至越过最优解所在区域；如果太小，可能降低粒子的全局搜索能力，算法可能陷入局部极值。

3.2.2 算法流程

粒子群优化（PSO）算法的流程如下[5]：

第 1 步：初始化粒子种群，包括群体规模，每个粒子的初始位置和速度；

第 2 步：根据目标函数计算每个粒子的适应值；

第 3 步：对每个粒子，用它的适应值和它经历过的最好位置 $pbest$ 的适应值进行比较，如果较好，则替换 $pbest$；

第 4 步：对每个粒子，用它的适应值和全局经历过的最好位置 $gbest$ 的适应值进行比较，如果较好，则替换 $gbest$；

第 5 步：根据公式（3.1）、公式（3.2）分别更新粒子的速度和位置；

第 6 步：如果满足结束条件（误差足够小或达到最大循环次数），则输出解；否则返回第 2 步。

粒子群优化（PSO）算法的伪代码如图 3.1 所示。

```
Initialize parameters of PSO algorithm;
For each particle{
        Initialize particle's position and velocity;
}
Do{
        For each particle{
                Calculate fitness value（FV）;
                If the FV is better than the pBest
                        Set the FV as the new pBest;
        }
        Choose the best FV of all the particles as the gBest;
        For each particle{
                Update particle's velocity according equation（3.1）;
                Update particle's position according equation（3.2）;
        }
}While terminal condition is not attained
```

图 3.1　PSO 算法伪代码

3.3　相关模型及假定

3.3.1　网络模型及假定

本章假设 N 个传感器节点随机均匀分布在一个 $M \times M$ 的二维正方形区域 A 内，并假设该 WSNs 具有如下性质：

① 节点具有唯一 ID，均匀分布在监测区域；

② 所有节点固定并且能量有限，基站位置固定，能量不受限；

③ 所有节点具有相似的能力（计算/存储/通信），并且地位平等，都能够充当簇头或者成员节点；

④ 节点通信功率可调，即节点可以根据距离来调整发射功率的大小；

⑤ 节点具有位置感知能力；

⑥ 采用数据融合技术减少传输的数据量;

⑦ 每个节点周期执行数据采集任务,并始终有数据传送至基站。

网络的前 3 项属性是一般 WSNs 的典型设置。第 4 项属性主要是从节能的角度出发,根据传输距离的远近来调节射频收发器的发射功率,如 Berkeley Motes[6]一共有 100 个发射功率等级。与采用固定发射功率相比,能显著减少节点的能量损耗,从而延长 WSNs 的寿命。第 5 项属性表明本协议要求节点具有位置感知能力,节点获取位置信息的方法主要有 3 种:GPS、有向天线和定位算法。第 6 项属性广泛地应用于分簇网络中,采用一定的数据融合技术来减少传输的数据量,能显著节约节点的能量。第 7 项属性表明本协议适用于周期性数据收集的 WSNs。

3.3.2 数据收集方式

基于应用需求的不同,目前的 WSNs 中有两类数据收集方式[7]。

① 时间驱动的数据收集——也称为周期性数据收集,是指监控区域内的传感器节点定时地采集区域中的用户感兴趣数据,如温度、湿度和气压等,并将这些信息发送给用户。在这类问题中,时间被离散化为"轮",每轮间隔根据信息的变化频率和监测需求决定。一轮数据收集就是指所有节点把这一轮时间段中采集的数据汇聚到基站。目前大多数研究都是基于时间驱动的数据收集。

② 事件驱动的数据收集——是指监控区域内的传感器节点监视区域中的某些事件,如某目标的出现、移动,或者当某些信号强度超过警戒值,如果探测到这些事件发生,则将该事件的相关参数记录下来,如类型、发生地点和时间等,将这些信息传送到基站,最终报告给用户。事件也可以是用户发出的查询命令,节点收到后,汇报相关信息。这类数据收集的应用也比较多,实现相对比较容易。

本章协议适用于时间驱动的数据收集应用,即周期性数据收集应用。可以说事件驱动的数据收集是时间驱动的数据收集的子集,如果时间驱动的数据收集里加入数据感知门限和实时性控制,同样可以达到对事件的监视。因此,本协议稍加改动和调整,也能适用于事件驱动的数据收集应用。

3.3.3 无线通信能耗模型

本章采用与文献[8]相同的无线通信能耗模型。在该模型中,无线通信模块发送数据的能量消耗主要在发送电路和功率放大电路,接收数据的能量消耗主要在接收电路,如图 3.2 所示。

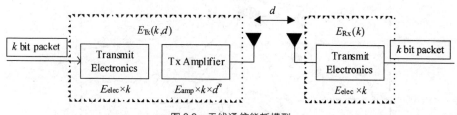

图 3.2 无线通信能耗模型

无线信号的能量衰减取决于发送方和接收方的距离(假设为 d)。距离小于临界值 $d_{crossover}$ 时,采用 Friss 自由空间模型(Friss Free Space Model),传播能量损失与 d^2 成反比;距离较远时,采用双径传播模型(Two-ray Ground Propagation Model),传播能量损失与 d^4 成反比。

为了保证接收方正常接收数据，发送方必须具有功率控制能力，合适放大发送信号，以抵消无线信号在传播过程中的能量损失。在保证合理信噪比（SNR）条件下，节点发送数据能耗为：

$$E_{\text{Tx}}(k,d) = \begin{cases} E_{\text{elec}} \times k + E_{\text{fs}} \times k \times d^2 & d < d_{\text{crossover}} \\ E_{\text{elec}} \times k + E_{\text{mp}} \times k \times d^4 & d \geq d_{\text{crossover}} \end{cases} \qquad (3.3)$$

其中，k 为发送的二进制位数，d 为发送距离，E_{elec}(nJ/bit) 为射频能耗系数，E_{fs}(pJ/bit/m^2) 和 E_{mp}(pJ/bit/m^4) 为不同信道传播模型下的功率放大电路能耗系数。

节点接收数据能耗为：

$$E_{\text{Rx}}(k) = E_{\text{elec}} \times k \qquad (3.4)$$

本章仿真中，无线通信能耗模型参数设置为：$E_{\text{elec}} = 50\,\text{nJ/bit}$，$E_{\text{fs}} = 10\,\text{pJ/bit/m}^2$，$E_{\text{mp}} = 0.0013\,\text{pJ/bit/m}^4$，$d_{\text{crossover}} = 87\text{m}$。

3.3.4　数据融合模型

分簇路由协议的基本思想之一是采用数据融合技术减少传输的数据量，以节约网络能量。由于簇间数据的差异性较大，本章仿真中，不考虑簇间的数据融合，簇内的数据融合模型假设为：簇头接收每个簇成员发送的 k bit 数据，无论簇内节点数目多少，均压缩为 k bit 数据。数据融合的能耗设定为 $E_{\text{D}} = 5\text{nJ/bit}$。

3.4　TL-EBC 协议

TL-EBC 协议采用两层分簇的体系结构，总簇头是第二层簇头，原理如图 3.3 所示。协议采用与文献[8]相似的轮回机制，每一轮包括两个阶段：簇的建立和稳态阶段。簇的建立采用集中式控制策略，在基站完成，包括以下 4 个步骤：收集节点信息、执行分簇算法进行网络分簇、确定总簇头以及发布分簇信息。

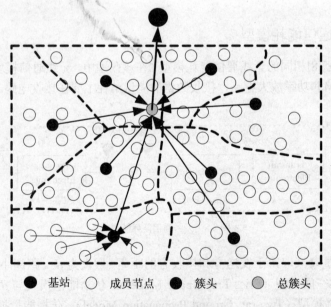

| ● 基站 | ○ 成员节点 | ● 簇头 | ◉ 总簇头 |

图 3.3　TL-EBC 原理图

3.4.1 簇的建立

本协议簇的构建在基站完成，首先收集分簇算法需要的网络信息，然后应用 PSO 算法基于全局信息实现网络分簇。

1. 收集节点信息

分簇算法要实现能量感知和距离感知能力，需要知道所有节点的位置和能量信息。具有任意初始能量的节点随机部署以后，假设其位置不再改变。在首次簇的建立阶段，节点首先发送位置和初始能量信息至基站，基站接收信息以后保存。由于基站已知节点初始能量，可以通过每轮分簇信息估算节点能耗，得到每轮节点的能量信息，并且节点位置固定。因此，以后各轮中节点不需要再发送位置和能量信息到基站，或者根据应用需求和网络运行情况，间隔较长周期再发送位置和能量信息到基站。

2. 分簇算法

协议底层应用 PSO 算法实现网络分簇。首先，基于所有节点的能量信息，基站计算节点的平均能量，节点能量大于或等于平均能量的节点成为候选簇头，簇头在候选簇头中产生。设定候选簇头缩小簇头选择范围，并保证最终选出的簇头具有较大的能量，更有能力担当簇头的角色。

假设网络包含 N 个节点，预先定义分为 K 个簇，候选簇头数为 M（一般情况 $M \gg K$），则可能的分簇方式有 C_M^K 种，在其中确定最佳的分簇方式，是一个最优化问题。应用 PSO 算法解决这个问题，使每一个粒子代表一种可能的分簇方式，用目标函数评价其性能，设置 m 个粒子组成群体在 C_M^K 种可能的分簇方式中寻找最优解，使目标函数取得最小值。该目标函数定义如下：

$$cost = \beta f_1 + (1-\beta)f_2 \tag{3.5}$$

$$f_1 = \max_{k=1,2,\cdots K}\left\{\sum_{\forall n_i \in C_{p,k}} d(n_i, CH_{p,k})/|C_{p,k}|\right\} \tag{3.6}$$

$$f_2 = \sum_{i=1}^{N} E(n_i)/\sum_{k=1}^{K} E(CH_{p,k}) \tag{3.7}$$

其中，f_1 为分簇紧凑性评价因子，等于节点至对应簇头的最大平均欧氏距离；$d(n_i, CH_{p,k})$ 是节点 n_i 到对应簇头的距离；$|C_{p,k}|$ 是粒子 p 中簇 C_k 的节点数目；f_2 为簇头能量评价因子，等于网络中所有节点 $n_i, i = 1, 2, \cdots N$ 当前能量之和除以簇头当前能量之和；β 为各评价因子的权重系数。根据目标函数的定义，最小的适应值表明对应的分簇方式同时满足：1）节点至对应簇头的平均欧氏距离较小，即簇的几何大小紧凑，由 f_1 量化；2）簇头能量之和较大，由 f_2 量化。这样的网络分簇能最小化簇内能耗，均衡网络能耗，以最大限度延长节点和网络生存时间。

分簇算法流程如图 3.4 所示，具体步骤如下：

① 初始化 Q 个粒子，每个粒子包含 K 个候选簇头，代表一种可能的分簇方式。

② 计算每个粒子 $p(p = 1, 2, \cdots Q)$ 的适应值：

a）对每个节点 $n_i(i = 1, 2, \cdots N)$

计算节点 n_i 和所有簇头 $CH_{p,k}$ 的距离 $d(n_i, CH_{p,k})$；

分配节点 n_i 给距离最近的簇头，即

$$d(n_i, CH_{p,k}) = \min_{\forall k=1,2,\cdots K}\left\{d(n_i, CH_{p,k})\right\}$$

b）运用公式（3.5）～（3.7）计算粒子适应值。

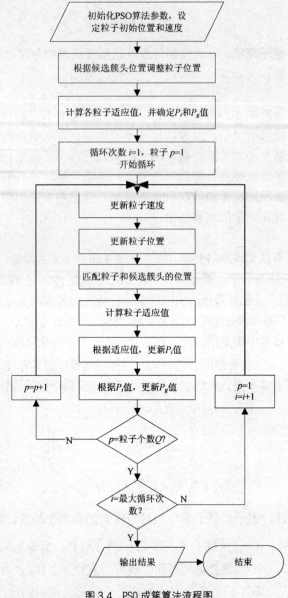

图 3.4 PSO 成簇算法流程图

③ 确定每个粒子的个体最优解和种群的最优解。

④ 运用公式（3.1）、（3.2）更新粒子速度和位置。

⑤ 根据距离最近候选簇头位置调整粒子位置。

⑥ 重复步骤 2）至 5），直至达到最大循环次数 *MaxIter*。

3. 确定总簇头 CCH（Chief Cluster Head）

由于簇头既要负责收集、融合簇内所有节点数据，又要发送信息至基站，其能耗远远高于普通节点，网络节点能量消耗不均衡。而且，由于基站远离监测区域，不同簇头发送信息至基站能耗差异较大，造成簇头之间能量消耗不均衡，距离基站更远的节点死亡速度较快。为此，设置总簇头负责收集、处理簇头数据，并发送数据至基站。这样，可以均衡簇头和普通节点及各簇头之间的能耗，并且通过数据融合减小发送信息至基站的总能耗。

总簇头的选择综合考虑节点能量、与各簇头距离和与基站距离 3 个方面的因素。首先，在每个簇中选择能量最大的节点（不包括簇头）为候选总簇头。然后，计算每个候选总簇头的评价函数，具有最小评价函数值的候选总簇头成为总簇头。评价函数定义如下：

$$cost(HCH_i) = \alpha f_1 + \eta f_2 + \lambda f_3 \tag{3.8}$$

$$f_1 = \frac{\max\limits_{k=1,2,\cdots K}\{E(HCH_k)\}}{E(HCH_i)} \tag{3.9}$$

$$f_2 = \frac{\sum\limits_{j=1}^{K} d(HCH_i, CH_j)}{\max\limits_{k=1,2,\cdots K}\left\{\sum\limits_{j=1}^{K} d(HCH_k, CH_j)\right\}} \tag{3.10}$$

$$f_3 = \frac{d(HCH_i, BS)}{\max\limits_{k=1,2,\cdots K}\{d(HCH_k, BS)\}} \tag{3.11}$$

其中，f_1 为候选总簇头能量评价因子，等于最大候选总簇头能量除以候选总簇头能量；f_2 为候选总簇头至所有簇头距离评价因子，等于候选总簇头至所有簇头距离之和除以其最大值；f_3 为候选总簇头至基站距离评价因子，等于候选总簇头至基站距离除以其最大值；α、η、λ 为各评价因子权重系数。最小的评价函数值表明对应的候选总簇头具有较大的能量，与各簇头距离之和较小，与基站距离较近。该节点成为总簇头能减小簇头发送数据至总簇头能耗和总簇头发送数据至基站能耗；同时，总簇头靠近基站，可以一定程度地平衡靠近基站区域和远离基站区域节点的能耗，缓解网络的"热点"问题。

4. 发布分簇信息

基站发布分簇信息至每个节点，网络分簇完成，进入稳态阶段。

3.4.2　稳态阶段

稳态阶段簇头首先完成簇内数据收集和融合的任务，采取与文献[8]相似的方法。根据簇内节点数量，簇头创建 TDMA 进度表，确定每个节点传送数据的时间，并广播至簇内节点，数据传输开始。成员节点的无线通信模块关闭，直到分配的传输数据时间到来，这样可以节约节点能量。簇头完成所有成员节点数据收集后，进行数据融合，并发送融合数据至总簇头。总簇头接收所有簇头信息后，进行数据处理，并发送至基站。

3.5　协议分析及仿真

3.5.1　协议分析

1. 最优分簇数

基于分簇结构的 WSNs 中，簇头在整个网络中担当十分重要的角色。若簇头数目过少，则每个簇覆盖的区域将过大，成员节点至簇头的距离较远，簇内数据传输消耗的能量就会增大，不利于延长节点生命周期。反之，若簇头数目过多，由于簇头所消耗的能量要远远大于成员节点，会导致整个网络的节点在每轮中总的能耗增大；同时，更多的簇头将产生更多的数据，致使簇间数据传输的能耗增大。因此，分簇数量是分簇路由协议很重要的系统参数。

本协议中，网络的最优分簇数可以通过计算网络每轮消耗的能量来求解。PSO 分簇算法和总簇头的确定都在基站完成，不消耗节点能量。基站确定最优簇头组合和簇内节点，及总簇头后，发布相关信息至每个节点，假设该控制消息长度为 l_c bit，网络节点数为 N，则该阶段网络消耗的能量为：

$$E_{RP} = N \times E_{elec} \times l_c \tag{3.12}$$

在稳定运行阶段，K 个簇头接收各自成员节点发送的 l_d bit 的数据包，将这些数据和自身的数据融合为 l_d bit 的数据包后发给总簇头。数据融合的能量损耗为 E_D，则该阶段所有簇头消耗的能量为：

$$E_{CH} = l_d \times E_{elec} \times N + l_d \times E_D \times N + l_d \times E_{mp} \times d_{toCCH}^4 \times K \tag{3.13}$$

其中，d_{toCCH} 表示簇头到总簇头（CCH）的距离，假定该距离大于临界值 $d_{crossover}$。

簇头 CH_k 的每个成员节点发送 l_d bit 的数据包至该簇头，所消耗的能量为：

$$E_{non-CH_k} = l_d \times E_{elec} \times N_k + \sum_{n=1}^{N_k} l_d \times E_{fs} \times d_{toCH_k}^2(n) \tag{3.14}$$

其中，$d_{toCH_k}(n)$ 表示成员节点 n 到簇头 CH_k 的距离，N_k 表示簇 k 的成员节点数量。由于簇的规模一般较小，成员节点至簇头的距离通常小于临界值 $d_{crossover}$。每个簇所占二维区域的面积约为 M^2/K，簇内成员节点数量约为 N/K。一般情况下，这是一个节点分布密度为 $\rho(x,y)$ 的任意形状区域。假设簇头位于簇区域的中心，则：

$$E\left[d_{toCH}^2\right] = \iint (x^2 + y^2)\rho(x,y)\mathrm{d}x\mathrm{d}y = \iint r^2 \rho(r,\theta) r \mathrm{d}r \mathrm{d}\theta \tag{3.15}$$

假设簇区域为圆形，则其半径 $R = M/\sqrt{\pi K}$；且假设节点在簇内均匀分布，故 $\rho(r,\theta) = K/M^2$，则：

$$E\left[d_{toCH}^2\right] = \rho \int_{\theta=0}^{2\pi} \int_{r=0}^{\frac{M}{\sqrt{\pi K}}} r^3 \mathrm{d}r \mathrm{d}\theta = \frac{1}{2\pi} \frac{M^2}{K} \tag{3.16}$$

这样，簇 k 的所有成员节点消耗的能量为：

$$E_{non-CH_k} = l_d \times E_{elec} \times \frac{N}{K} + l_d \times E_{fs} \times \frac{1}{2\pi} \frac{M^2}{K} \times \frac{N}{K} \tag{3.17}$$

所有成员节点消耗的能量为：

$$E_{non-CH} = K \times E_{non-CH_k} = l_d \times E_{elec} \times N + l_d \times E_{fs} \times \frac{1}{2\pi} \frac{M^2}{K} \times N \tag{3.18}$$

总簇头发送 $l_d \times K \times f$ bit 的数据至基站（这里假定总簇头的数据压缩率为 f），所消耗的能量为：

$$E_{CCH} = l_d \times K \times f \times E_{elec} + l_d \times E_D \times K + l_d \times K \times f \times E_{mp} \times d_{toBS}^4 \tag{3.19}$$

故网络每轮消耗的能量是：

$$\begin{aligned}
E_{total} &= E_{RP} + E_{CH} + E_{non-CH} + E_{CCH} \\
&= l_d \left[E_{elec} \times 2N + E_D \times N \right] + l_c \times E_{elec} \times N \\
&\quad + l_d \times E_{mp} \times d_{toCCH}^4 \times K + l_d \times E_{fs} \times N \times \frac{1}{2\pi} \frac{M^2}{K} \\
&\quad + l_d \times K \times (f \times E_{elec} + E_D + f \times E_{mp} \times d_{toBS}^4)
\end{aligned} \tag{3.20}$$

令 $\mathrm{d}E_{\mathrm{total}}/\mathrm{d}K = 0$，得到：

$$E_{\mathrm{mp}} \times d_{\mathrm{toCCH}}^4 + f \times E_{\mathrm{elec}} + E_{\mathrm{D}} + f \times E_{\mathrm{mp}} \times d_{\mathrm{toBS}}^4 = E_{\mathrm{fs}} \times N \times \frac{1}{2\pi} \frac{M^2}{K^2} \quad (3.21)$$

其中，$f \times E_{\mathrm{elec}} + E_{\mathrm{D}}$ 的值极小，可以忽略不计。则最优分簇数为：

$$E_{\mathrm{mp}} \times d_{\mathrm{toCCH}}^4 + f \times E_{\mathrm{mp}} \times d_{\mathrm{toBS}}^4 = E_{\mathrm{fs}} \times N \times \frac{1}{2\pi} \frac{M^2}{K^2}$$

$$K = \frac{\sqrt{N}}{\sqrt{2\pi}} \sqrt{\frac{E_{\mathrm{fs}}}{E_{\mathrm{mp}}}} \times \frac{M}{\sqrt{f \times d_{\mathrm{toBS}}^4 + d_{\mathrm{toCCH}}^4}} \quad (3.22)$$

在后文的仿真实验中，基站坐标（100，275），$N = 200$，$M = 200$，$E_{\mathrm{fs}} = 10 \ \mathrm{pJ/bit/m}^2$，$E_{\mathrm{mp}} = 0.0013 \mathrm{pJ/bit/m}^4$，$75 < d_{\mathrm{toBS}} < 293$，$87 < d_{\mathrm{toCCH}} < 283$，$f = 1$。则最优分簇数是：

$$10 < K < 18 \quad (3.23)$$

2. 权重系数 α、η、λ 的取值

总簇头评价函数的评价因子包括能量评价因子、至簇头距离评价因子和至基站距离评价因子，权重系数 α、η、λ 决定了各评价因子对总簇头选取的影响程度。由于候选总簇头是各个簇中剩余能量最大的节点，故权重系数 α 取值可以较小。η、λ 的取值则需要综合考虑网络的范围大小和基站的位置，既要考虑簇头发送数据至总簇头的能耗，更要考虑总簇头发送数据至基站的能耗。本协议的仿真中 η 和 λ 取值相等。

3.5.2　性能评价指标

1. 网络生命周期

如 2.4.3 小节所述，网络生命周期可以定义为：从网络部署之后到有 N（$N>0$）个节点死亡的时间。为了更好地观察提出的分簇协议的性能，本章定义网络生存周期为 70%节点死亡的时间。而且，一般而言，WSNs 节点的部署较为密集，个别节点的失效不会影响网络的整体功能，故该定义也符合实际应用的条件。

2. 能耗均衡性

本章用某时刻整个 WSNs 的能量均值和能量方差函数来衡量分簇协议的能量均衡性，如 2.4.3 小节所述。在时刻 t，我们说具有较高的网络能量均值和较低的网络能量方差的协议具有更好的能量均衡性能。

3.5.3　协议仿真与分析

为了验证本章提出的分簇路由协议 TL-EBC 的有效性，利用 MATLAB 进行仿真，并与 LEACH 协议和文献[4]提出的 PSO-C 协议相应性能进行比较。将 200 个传感器节点随机部署在 200 m × 200 m 的范围内，如图 3.5 所示；基站坐标（100，275），位于网络外部。数据包长度为 2 000 bit，数据包头长度为 50 bit；簇的数量设定为节点总数的 5%，则 $K = 10$；总簇头数据压缩率 $f = 1$，即不做压缩。PSO 算法参数设置为：种群规模 $Q = 30$，$c_1 = c_2 = 2$，惯性权重随时间变化 $w = 0.9$ 至 $w = 0.4$，最大循环次数 $MaxIter = 30$。评价因子权重系数 $\beta = 0.5$，$\alpha = 0.2$，$\eta = 0.4$，$\lambda = 0.4$。节点初始能量分两种情况设定：所有节点初始能量等于 0.1 J；节点初始能量不相等，20%为 0.05 J，80%为 0.12 J。

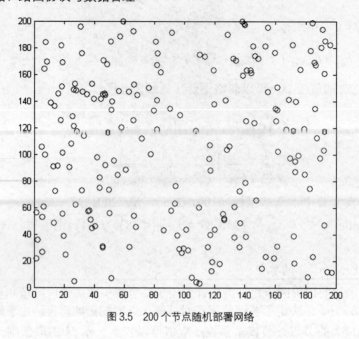

图 3.5　200 个节点随机部署网络

1．节点初始能量相同

图 3.6 显示了节点初始能量相同时，3 种协议的网络生存时间对比，TL-EBC 协议为 319 轮，较 PSO-C（275 轮）和 LEACH（178 轮）分别延长了 16%和 79.2%。说明 TL-EBC 协议能更好地均衡网络中所有节点的能耗，避免个别节点因过度消耗能量而快速死亡，延长网络生存时间。

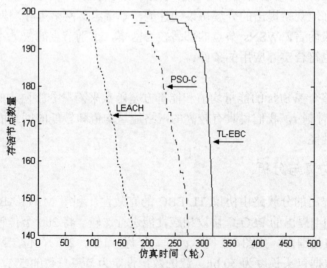

图 3.6　节点初始能量相同时的网络生存周期

图 3.7 显示了节点初始能量相同时，3 种协议死亡节点的分布情况。LEACH 和 PSO-C 协议的死亡节点集中在距离基站较远的区域，出现节点成块死亡的情况，即出现网络"能量空洞"现象；而 TL-EBC 协议的死亡节点在网络中分布较均匀，整个网络能量消耗均衡。

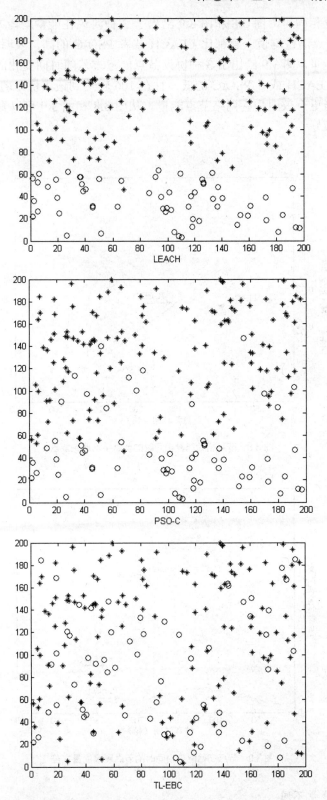

图 3.7　节点初始能量相同时的死亡节点分布（"o" 代表死亡节点）

节点初始能量相同时，图 3.8 和图 3.9 给出了 3 种协议在能量均衡方面的性能。图 3.8 中，TL-EBC 的节点能量均值一直都比 LEACH 或者 PSO-C 的高，表明 TL-EBC 协议能更有效地节约节点能量。图 3.9 给出了 3 种协议节点能量方差随时间变化的比较，TL-EBC 的节点能量方差比 LEACH 或者 PSO-C 的低，且在 106 轮达到最大值，随后呈下降趋势，表明 TL-EBC 协议能更有效地均衡网络节点能量。从图 3.8 和图 3.9 可以看出，TL-EBC 协议的能量均衡性能最好。

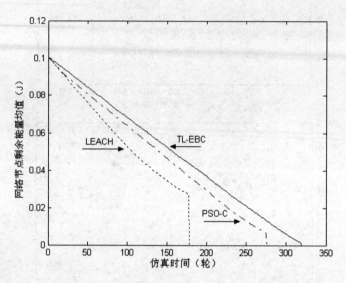

图 3.8　节点初始能量相同时的节点平均剩余能量

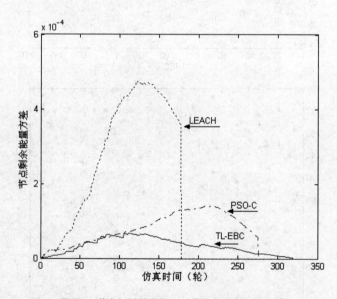

图 3.9　节点初始能量相同时的节点剩余能量方差

2. 节点初始能量不同

为了更好地比较 3 种协议在能量均衡方面的性能，设置网络初始能量分布不平衡情景。

节点初始能量不相等，20% 为 0.05 J，80% 为 0.12 J。如图 3.10 所示，图中，"o" 代表初始能量为 0.05 J 的节点，"+" 代表初始能量为 0.12 J 的节点。

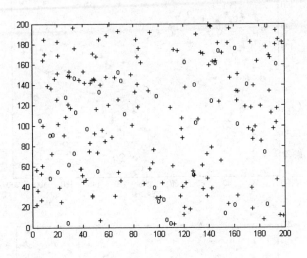

图 3.10　200 个节点随机部署网络（初始能量不同）

图 3.11 显示了节点初始能量不同时的网络生存周期对比曲线，TL-EBC 协议（347 轮）较 PSO-C（286 轮）和 LEACH（167 轮）分别延长了 21.3% 和 107.8%，较节点初始能量相同时提高幅度更大。进一步表明 TL-EBC 协议能很好地均衡网络中所有节点的能量消耗，延长网络生存时间。

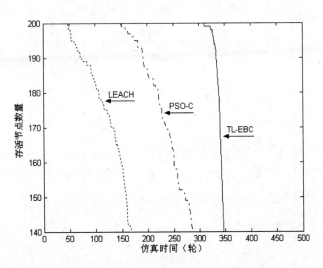

图 3.11　节点初始能量不同时的网络生存周期

图 3.12 显示了节点初始能量不相同时，3 种协议死亡节点的分布情况。同样，LEACH 和 PSO-C 协议的死亡节点较集中，出现节点成块死亡的情况；而 TL-EBC 协议的死亡节点在网络中分布较均匀，整个网络能量消耗均衡。

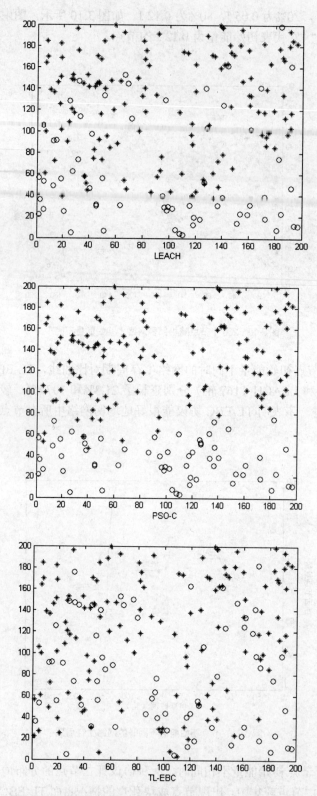

图 3.12 节点初始能量不同时的死亡节点分布（"o" 代表死亡节点）

 节点初始能量不同时，图 3.13 和图 3.14 给出了 3 种协议在能量均衡方面的性能。图 3.13 中，TL-EBC 的节点能量均值一直都比 LEACH 或者 PSO-C 的高，表明 TL-EBC 协议能更有效地节约节点能量。图 3.14 给出了 3 种协议节点能量方差随时间变化的比较：TL-EBC 的节点能量方差单调减小，且 80 轮以后一直低于其他两种协议；PSO-C 的节点能量方差也单调减小，但减小速度有所起伏；LEACH 的节点能量方差先增大后减小，且与其他两种协议的差距越来越大。这表明 TL-EBC 协议在网络初始能量分布不均衡的情况下，能有效地平衡网络节点能量（节点能量方差呈现单调下降趋势），使整个网络能量分布趋于均衡。图 3.13 和图 3.14 进一步说明，TL-EBC 协议的能量均衡性能最好。

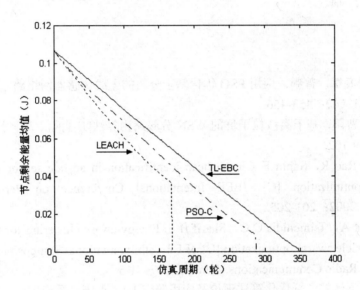

图 3.13 节点初始能量不同时的节点平均剩余能量

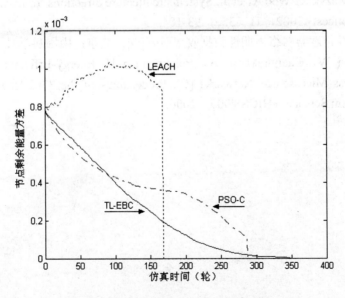

图 3.14 节点初始能量不同时的节点剩余能量方差

3.6 本章小结

本章基于 PSO 算法提出两级分层的 WSNs 分簇路由协议 TL-EBC。该协议底层采用粒子群（PSO）算法实现 WSNs 网络优化分簇，每个粒子代表一种可能的网络分簇方式，通过一群粒子在解空间中逐代搜索，寻找最优的网络分簇方式。第二层综合考虑节点能量、与各簇头距离和与基站距离 3 个方面的因素选择总簇头，以均衡不同位置簇头间的能耗。仿真实验证明，与 LEACH 和 PSO-C 协议相比，TL-EBC 能有效均衡网络节点能耗，降低节点死亡速度，延长网络生存周期。

参考文献

[1] 梁英，于海斌，曾鹏. 应用 PSO 优化基于分簇的无线传感器网络路由协议[J]. 控制与决策，2006，21（4）：453-456.

[2] 邹学玉，曹阳. 基于离散粒子群的 WSN 分簇路由算法[J]. 武汉大学学报（理学版），2008，54（1）：99-102.

[3] Tillett J，Rao R，Sahin F. Cluster-head identification in ad hoc sensor networks using particle swarm optimization [C]. IEEE International Conference on Personal Wireless Communications，2002：201-205.

[4] Latiff N M A，Tsimenidis C C，Sharif B S. Energy-aware clustering for wireless sensor networks using particle swarm optimization [C]. IEEE 18th International Symposium on Personal，Indoor and Mobile Radio Communications. Athens. 2007：1-5.

[5] 唐贤伦. 混沌粒子群优化算法理论及应用研究[D]. 重庆：重庆大学，2007.

[6] Hill J，Szewczyk R，Woo A，et al. System architecture directions for networked sensor [J]. ACM SIGPLAN Notices，2002，11（35）：93-104.

[7] 郑杰. 无线传感器网络周期性数据收集研究[D]. 北京：中国科学技术大学，2010.

[8] Heinzelman W，Chandrakasan A，Balakrishnan H. Energy-Efficient Communication Protocol for Wireless Microsensor Networks [C]. Proceedings of the 33rd Hawaii International Conference on System Science（HICSS'00），2000.

第4章 基于 PSO 的非均匀分簇路由协议

4.1 引言

分簇路由协议的设计包括两个方面的问题：网络分簇和簇的路由。它们既相对独立，又密切关联。网络分簇的主要任务是将网络中的节点在逻辑上进行分组，并确定每个节点的角色（簇头或者成员节点）；簇的路由即确定节点的感知数据在簇内和簇间以什么方式，沿什么路径传递。

网络分簇包括簇头的选择和簇的形成两个方面，其关键问题是：如何在节点剩余能量随网络运行不断减少时，动态快速有效地寻找一组最佳节点担任簇首，使形成的网络分簇既能减少簇内节点能耗，又能使整个网络能量消耗均衡。这是一个 NP 难问题。基于群体随机选择的进化算法（如 PSO 和 GA），由于它们可以有效避免陷入局部最优解，找到全局最优解，适合于解决这个难题。

簇的路由包括簇内路由和簇间路由，均可以采用单跳或者多跳方式。单跳传输方式中，每个节点直接传输数据到目的地；而在多跳传输方式中，节点被限制传输距离，因而一般以多次中继的方式传递数据到目的地。这两种方式都存在节点能耗不均的问题，致使一些节点以更快的速度消耗能量而过早死亡，可能导致监测范围减小和网络分割，出现"热点"问题。例如，对于簇间单跳传输方式，远离基站的节点更容易先死亡；而对于簇间多跳传输方式，距离基站较近的节点由于承受较重的数据转发任务而容易过早死亡。由于分簇网络的簇的几何规模一般较小，大多数协议在簇内都采用简单的单跳路由，因此簇的路由主要指簇间路由。根据前面的分析，单纯的簇间单跳或多跳路由都可能导致"热点"问题的出现，因此，簇间路由必须结合网络分簇方式，以避免"热点"问题的发生。

针对 WSNs 周期性数据收集应用，本章提出一种能量均衡的集中式非均匀分簇路由协议 EBUC。本协议采用非均匀分簇和簇间多跳路由有机结合的方式。采用 PSO 算法，EBUC 选择一组最佳节点担任簇头并将网络划分为大小不等的簇，不仅最小化簇头和成员节点的距离以减小簇内通信能耗，同时使得距离基站较近的簇具有较小的尺寸来优化网络能耗。这样，距离基站较近的簇头在簇内通信中消耗的能量较少，节省下来的能量用于簇间的数据转发任务，不同位置簇头的能耗得以平衡。EBUC 采用簇间多跳路由，根据节点剩余能量和节点与基站距离，每个簇头在簇头集合中运用贪婪算法选择其中继节点。

4.2 网络非均匀分簇策略

早期的 WSNs 分簇路由协议通常采用均匀分簇的方法，将整个网络划分为大小均等的簇，每个簇的簇内成员节点数近似相等，簇半径也近似相等。LEACH 协议是 WSNs 中典型的均匀分簇路由协议，采用随机分簇策略和周期性簇头轮换。由于簇的大小相等，每个簇内的成员数相等，因此，从理论上讲，各个簇的平均簇内通信能耗相等。LEACH 协议中簇头与汇聚节点的通信采用单跳方式，距离汇聚节点越远的簇头在数据报告时的发射功率越大，其数据报告能耗就越大。虽然 LEACH 协议通过簇头轮转的方式来维持节点的能量平衡，但这种平衡只是局部的，从全局的角度看，远离汇聚节点的簇头仍然需要消耗更多的能量。这些节点容易较早失效，从而造成 WSNs 覆盖区域缩小，影响监测任务的执行。

数据报告采用多跳方式的分簇网络中，距离汇聚节点越近的簇头承担的数据转发任务越重，其数据转发能量消耗越大。因此，网络中也存在簇间能量消耗不均衡的问题，距离汇聚节点越近的节点越容易过早地耗尽能量而失效。如果汇聚节点周围的节点成块失效，则离汇聚节点较远的传感器节点采集的数据将无法继续传输，网络中虽然仍有大量存活的节点，但网络的生命周期已提前结束。

由此可见，均匀分簇网络不管采用单跳或多跳的数据报告方式，均存在簇间能耗不均衡问题。针对这个问题，很多研究人员采用非均匀分簇策略来平衡簇头的能量消耗。EECS 中簇头到汇聚节点与 LEACH 一样采用单跳通信，但是普通节点在选择簇头时不仅要考虑自身离簇头的距离，而且要考虑簇头到汇聚节点的距离，从而构造出大小非均匀的簇。EECS 中距离汇聚节点较远的簇具有较小的几何尺寸，使得这些簇头的簇内通信能耗较小，以平衡其较大的数据报告能耗。但 EECS 的能量平衡措施只能缓解簇头间的能量消耗不均衡现象，无法从整体上实现节点间的能量平衡。

UCS[1]首次明确提出了非均匀分簇的思想来均衡簇头能耗，簇间采用多跳方式。簇头的能耗包括簇内通信和簇间通信能耗，簇内通信能耗和成员节点数量成比例关系，簇间通信能耗是转发数据量的函数。UCS 根据簇头的期望转发负荷来调整簇的大小（即簇内节点数量），使得所有簇头的能耗接近，网络能量消耗均衡。EEUC 是一个非均匀分簇和簇间多跳路由有机结合的路由协议。它利用非均匀的竞争半径，使得靠近基站的簇的成员数目相对较小，从而使簇头能够节约能量以供簇间数据转发使用，达到均衡簇头能量消耗的目的。此外，在簇头选择其中继节点时，不仅考虑候选节点相对基站的位置，还考虑候选节点的剩余能量，以进一步均衡簇头能耗。CEB-UC 协议将 WSNs 合理分区，使得在靠近汇聚节点分区内的簇数量较多，各簇内传感器节点数较少；在远离汇聚节点分区内的簇数量较少，各簇内的传感器节点数较多，从而保证承担数据中继转发任务的簇头能减少自身的簇内通信开销，节约的能量可供簇间数据转发使用，以平衡网络节点能耗。DTUC[2]从概率的角度出发分层和分簇，使得靠近汇聚节点分层内的簇数量较多，簇内节点数较少，而在远离汇聚节点分层内的簇数量较少，簇内节点数较多，从而保证内层簇头减少其簇内开销，以节省更多的能量用于数据的簇间传送。同时，基于能耗均衡的思想对各层节点进行部署，使得各层能耗大体相当。文献[3]提出了一种基于参数优化的分簇算法，将网络所有节点分成大小不均匀的静态簇。根据与基站的距离不同，簇的规模相应调整，确保远离基站的簇信息能够准确到达基站；通过优化控制簇规模的相关参数，降低簇间通信能耗；簇内采用簇头连续担任本地控制中心，簇头连续工作的次数由其剩余能量和位置信息优化得到，减少簇头更换频率，有效降低簇内通信能耗。从而使网络寿命最大化的同时，不会降低网络的覆盖和连通性能。此外，比较典型的非均匀分簇算法还有 CODE[4]和 EB-UCP[5]等。

4.3　相关模型及假定

本章协议采用与 3.3 节相同的相关模型及假定。

4.4　EBUC 协议

EBUC 采用集中式控制策略，网络分簇及簇间多跳路由均在能量不受限的基站实现。协议执行采用轮回机制，每一轮包括两个阶段：簇的建立和稳态阶段。簇的建立阶段完成网络分簇和簇间多跳路由确定；稳态阶段传感器节点执行预定的 R 次周期性数据收集。在簇的建立阶段最后，基站广播包含网络分簇和簇间多跳路由的信息。根据该信息，每个节点确定自己的角色（簇头或成员节点），成员节点确定其簇头，簇头确定其成员节点及其中继节点。图 4.1 是 EBUC 协议的基本原理图，图中大小不同的圆圈代表簇，簇头之间的连线代表簇间多跳传输路径。

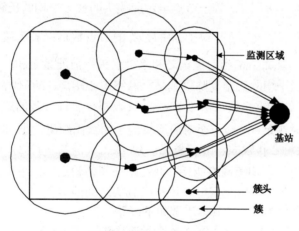

图 4.1　EBUC 协议基本原理

4.4.1　簇的建立

为了实现网络优化分簇，基站需要知道所有节点的位置和能量信息。具有任意初始能量的节点随机部署以后，假设其位置不再改变。在首次簇的建立阶段，节点首先发送位置和初始能量信息至基站，基站接收信息以后保存。由于基站已知节点初始能量，可以通过每轮分簇信息估算节点能耗，得到每轮节点的能量信息，并且节点位置固定。因此，以后各轮中节点不需要再发送位置和能量信息到基站，或者根据应用需求和网络运行情况，间隔较长周期再发送位置和能量信息到基站。

1. 非均匀分簇算法

假设网络包含 N 个节点，预先定义分为 K 个簇，候选簇头数为 M（一般情况 M<<K），

则可能的分簇方式有 C_M^K 种，在其中确定一种最好的分簇方式是一个最优化问题。本协议应用 PSO 算法来求解这个最优化问题。目标函数的设计不仅最小化簇内距离和平衡簇头与普通节点之间的能耗，同时产生非均匀的网络分簇以平衡簇头之间的能耗。

首先，基于每个节点的能量信息，基站计算所有节点的平均能量。为了保证具有较多能量的节点被选择为簇头，剩余能量大于平均能量的节点成为本轮的候选簇头。然后，基站执行 PSO 算法确定一种最佳网络分簇方式（具有最小适应值），目标函数定义如下：

$$cost(p_j) = \alpha_1 f_1(p_j) + \alpha_2 f_2(p_j) + \alpha_3 f_3(p_j) \tag{4.1}$$

$$f_1(p_j) = \max_{k=1,2,\ldots,K} \left\{ \sum_{\forall n_i \in C_{p_j,k}} \frac{d(n_i, CH_{p_j,k})}{\left| C_{p_j,k} \right|} \right\} \tag{4.2}$$

$$f_2(p_j) = \frac{\sum\limits_{i=1}^{N} E(n_i)}{\sum\limits_{k=1}^{K} E(CH_{p_j,k})} \tag{4.3}$$

$$f_3(p_j) = \frac{\sum\limits_{i=1}^{K} d(BS, CH_{p_j,k})}{K \times d(BS, NC)} \tag{4.4}$$

其中，f_1 为分簇紧凑性评价因子，等于节点至对应簇头的最大平均欧氏距离；$d(n_i, CH_{p_j,k})$ 是节点 n_i 到对应簇头的距离；$\left| C_{p_j,k} \right|$ 是粒子 p 中簇 C_k 的节点数目；f_2 为簇头能量评价因子，等于网络中所有节点 $n_i, i=1,2,\cdots N$ 当前能量之和除以簇头当前能量之和；f_3 为簇头位置评价因子，等于簇头到基站的平均欧氏距离除以基站至网络中心距离；NC 代表网络中心坐标；α_1、α_2、α_3 为各评价因子的权重系数，$\alpha_1 + \alpha_2 + \alpha_3 = 1$。根据目标函数的定义，最小的适应值表明对应的分簇方式同时满足：1）节点至对应簇头的平均欧氏距离较小，即簇的几何大小紧凑，由 f_1 量化；2）簇头能量之和较大，由 f_2 量化；3）簇头距离基站较近，由 f_3 量化。这样的网络分簇能最小化簇内能耗，均衡网络能耗；并在距离基站较近的区域产生更多的簇头，使得距离基站较近的簇具有较小的几何尺寸，以平衡簇头之间的能耗。

分簇算法流程如图 4.2 所示，具体步骤如下：

① 初始化 Q 个粒子，每个粒子包含 K 个候选簇头，代表一种可能的分簇方式。

② 计算每个粒子 $p(p=1,2,\cdots Q)$ 的适应值：

a）对每个节点 $n_i, i=1,2,\cdots N$

计算节点 n_i 和所有簇头 $CH_{p,k}$ 的距离 $d(n_i, CH_{p,k})$；

分配节点 n_i 给距离最近的簇头，即

$$d(n_i, CH_{p,k}) = \min_{\forall k=1,2,\cdots K} \left\{ d(n_i, CH_{p,k}) \right\}$$

b）运用公式（4.1）～（4.4）计算粒子适应值。

③ 确定每个粒子的个体最优解和种群的最优解。

④ 更新粒子速度和位置。

⑤ 根据距离最近候选簇头位置调整粒子位置。

⑥ 重复步骤 2）至步骤 5），直至达到最大循环次数 $MaxIter$。

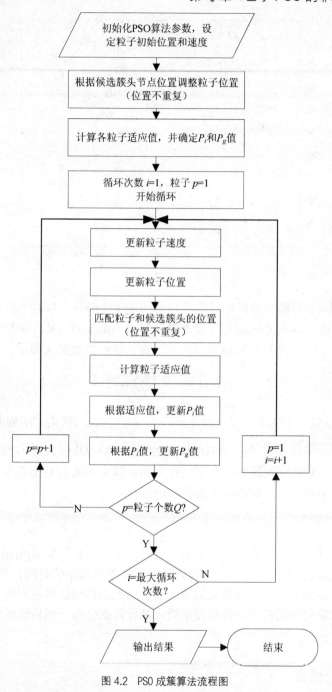

图 4.2　PSO 成簇算法流程图

图 4.3 是 EBUC 非均匀分簇的一个例子，基站位于（250，750）。从图中可以明显看出，越靠近基站的簇具有越小的几何尺寸。

2. 簇间多跳路由

EBUC 采用簇内单跳和簇间多跳数据传输方式。每个簇头需要从所有簇头中选择一个作为其中继节点，转发数据至基站。与 PEGASIS 等其他算法不同，EBUC 协议的中继节点不融合其他簇头数据和自身数据。

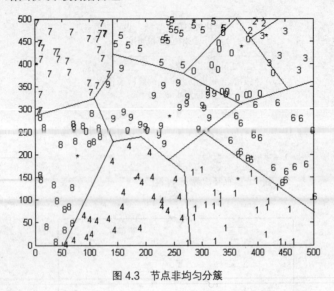

图 4.3 节点非均匀分簇

EBUC 协议簇间多跳路由的设计目标是找到一条最优路径，以减小簇间数据传输的能耗和避免"热点"问题。簇头 CH_k 运用贪婪算法选择其中继节点 RN_k，中继节点 RN_k 在所有的簇头中（包括簇头 CH_k 本身）具有最小的代价函数。代价函数定义如下：

$$cost(k, j) = \frac{d^2_{CH_k-CH_j} + d^2_{CH_j-BS}}{E_{CH_j}} \tag{4.5}$$

其中，$d_{CH_k-CH_j}$ 表示簇头 CH_k 到簇头 CH_j 的距离，d_{CH_j-BS} 表示簇头 CH_j 到基站的距离，E_{CH_j} 表示簇头 CH_j 的剩余能量。因此，$cost(RN_k) = \min\{cost(k, j)\}$，$j = 1, 2, \cdots K$。如果簇头 CH_k 的中继节点是本身，则直接发送数据至基站；否则，簇头 CH_k 发送数据至中继节点 RN_k。一旦每个簇头都找到中继节点，则簇间多跳路由建立。

4.4.2 稳态阶段

稳态阶段簇头首先完成簇内数据收集和融合的任务，采取与文献[6]相似的方法。根据簇内节点数量，簇头创建 TDMA 进度表，确定每个节点传送数据的时间，并广播至簇内节点，数据传输开始。非簇头的无线通信模块关闭，直到分配的传输数据时间到来，这样可以节约节点能量。簇头完成所有成员节点数据收集后，进行数据融合，然后经簇间多跳路由传递数据至基站。

4.5 协议分析及仿真

4.5.1 协议分析

1. 网络能耗分析

EBUC 协议采用轮回机制，每一轮包括两个阶段：簇的建立和稳态阶段。下面分析网络每轮消耗的能量。

簇的建立阶段，PSO 分簇算法在基站完成，不消耗节点能量。基站确定最优簇头组合和簇内节点，以及簇间路由后，发布信息至每个节点，假设该控制消息长度为 $l_c$bit，网络节点数为 N，则该阶段网络消耗的能量为：

$$E_{RP} = N \times E_{elec} \times l_c \tag{4.6}$$

稳态阶段，普通节点的能量消耗主要用于接收簇头管理消息和发送感知数据至簇头。簇头的能耗包括 3 个部分。第一部分是簇内节点管理、数据收集和融合的能耗。簇头 CH_k 接收成员节点（假设为 N_k 个）发送的 l_d bit 的数据包，将这些数据和自身的数据融合为 l_d bit 的数据包，消耗的能量为：

$$E_{in}(CH_k) = l_d \times E_{elec} \times N_k + l_d \times E_D \times N_k \tag{4.7}$$

簇头的第二部分能耗是发送数据到中继节点（或者直接发送给基站）的能耗。簇头 CH_k 发送融合为 l_d bit 的数据包到中继节点（或者直接发送给基站）的能耗为：

$$E_{out}(CH_k) = l_d \times E_{fs} \times d_{toRN_k}^2$$
$$\text{or } = l_d \times E_{fs} \times d_{toBS}^2(k) \tag{4.8}$$

簇头的第三部分能耗是簇间数据转发的能耗。簇头 CH_k 转发 R_k 个簇头的数据包到中继节点（或者直接发送给基站）的能耗为：

$$E_{relay}(CH_k) = l_d \times E_{fs} \times d_{toRN_k}^2 \times R_k$$
$$\text{or } = l_d \times E_{fs} \times d_{toBS}^2(k) \times R_k \tag{4.9}$$

均衡簇头能耗，即要使不同位置的簇头的能耗趋于一致。对于网络中不同位置的簇头，第二部分能耗几乎相同，差别主要在于第一部分和第三部分能耗。距离基站较近的簇头一般需要承担较多的数据转发任务，即 R_k 较大，故第三部分能耗比距离基站较远的簇头大。因此，采用网络非均匀分簇，使距离基站较近的簇具有较少的成员节点，即 N_k 较小，以减小其簇头的第一部分能耗，可以有效均衡不同位置簇头间的能耗。

2. 评价因子权重系数的取值

EBUC 分簇算法的目标函数中包含 3 个评价因子，各评价因子的权重系数对网络分簇具有重要影响。分簇紧凑性评价因子 f_1 和簇头能量评价因子 f_2 决定了簇的紧凑程度和簇头能量的大小，权重系数一般取值相等。簇头位置评价因子 f_3 决定了网络分簇的非均匀程度。f_3 的权重系数 α_3 较大时，所得到的簇头组合整体距离基站较近，即距离基站较近的区域将产生较多的簇头，则网络分簇的非均匀程度较大。

如前所述，采用网络非均匀分簇，可以有效均衡不同位置簇头间的能耗。而网络分簇的非均匀程度，则取决于网络中不同位置簇头第三部分能耗的差异程度。当网络规模较大，距离基站较近的簇头承担的数据转发任务较重时，这些簇头的第三部分能耗较大，则权重系数 α_3 可取较大值，使这些簇头的第一部分能耗减小，以均衡簇头间的能量消耗。

4.5.2　性能评价指标

1. 网络生命周期

对任意节点 i，其生命周期 LT_i 满足下式：

$$E_o = \sum_{r=0}^{LT_i} \left\{ \sum_{j \in R_i^r} E_{Rx}^r(k_{ji}) + k_r E_D + \sum_{h \in T_i^r} E_{Tx}^r(k_{ih}, d_{ih}) \right\} \tag{4.10}$$

其中，E_0 为节点初始化能量，R_i^r 是 r 时刻（或 r 轮里）要发送 k_{ji} bit 数据给节点 i 的所有节点组成的集合。T_i^r 是 r 时刻（或 r 轮里）要接收节点 i 发送 k_{ih} bit 数据的所有节点组成的集合，d_{ih} 为节点 i 和节点 h 的距离。k_r bit 是 r 时刻（或 r 轮里）节点 i 需要融合的数据。设网络节点数量为 N，t 时刻（或 t 轮里）网络存活节点数为 $AN(t)$，本章定义整个网络的生命周期为：

$$LT\text{-}1 = \min\{LT_i : i \in N\} \tag{4.11}$$

$$LT\text{-}2 = \max\{t : AN(t) \leqslant 0.7N\} \tag{4.12}$$

可见 $LT\text{-}1$ 和 $LT\text{-}2$ 分别是首个节点死亡时间和 30%节点死亡时间。

2. 能耗均衡性

本章用某时刻整个 WSNs 的能量均值和能量方差函数来衡量分簇协议的能量均衡性。在时刻 t，我们说具有较高的网络能量均值和较低的网络能量方差的协议具有更好的能量均衡性能。

4.5.3　协议仿真与分析

为了验证 EBUC 协议的有效性，利用 MATLAB 进行仿真，并与 LEACH 协议和文献[7]提出的 PSO-C 协议相应性能进行比较。将 200 个传感器节点随机部署在 200 m × 200 m 的范围内，如图 4.4 所示，基站坐标为（100，275），位于网络外部。数据包长度为 2 000 bit，数据包头长度为 50 bit；簇的数量设定为节点总数的 5%，则 $K = 10$；数据连续收集次数 $R = 1$。PSO 算法参数设置为：种群规模 $Q = 30$，$c_1 = c_2 = 2$，惯性权重随时间变化 $w = 0.9$ 至 $w = 0.4$，最大循环次数 $MaxIter = 30$。评价因子权重系数 $\alpha_1 = 0.3$，$\alpha_2 = 0.3$，$\alpha_3 = 0.4$。节点初始能量等于 0.1 J。

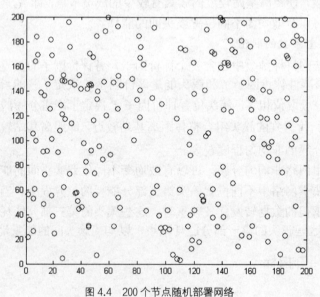

图 4.4　200 个节点随机部署网络

1. 基站位置固定

首先通过网络生存周期来验证 3 种协议的能量效率。图 4.5 显示了存活节点数随仿真周期的变化情况。从图中可以看出，EBUC 相对与 LEACH 和 PSO-C 明显提高了网络生存周期（包括 $LT\text{-}1$ 和 $LT\text{-}2$）。表 4.1 给出了 3 种协议网络生存周期的对比数据。EBUC 延长

LT-1 的效果较 *LT*-2 好，说明该协议能有效地均衡节点间的能量消耗，使得节点的死亡时间接近。

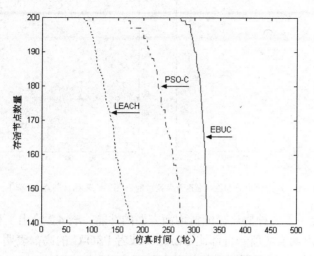

图 4.5　存活节点数量随仿真周期的变化曲线

表 4.1　　　　　　　　　　　　网络生存周期对比

	LT-1	*LT*-2	*LT*-1 延长	*LT*-2 延长
LEACH	83	178	230.1%	83.1%
PSO-C	170	275	61.2%	18.5%
EBUC	274	326	——	——

同时，由于采用了非均匀分簇和簇间多跳路由有机结合的方式，EBUC 有效地平衡了靠近基站的簇和远离基站的簇之间的数据传输能耗。如图 4.6 所示，3 种协议的死亡节点分布差别很大。LEACH 和 PSO-C 协议的死亡节点集中在远离基站的区域；而 EBUC 协议的死亡节点较均匀的分布于整个网络中，有效地避免了"能量空洞"问题。

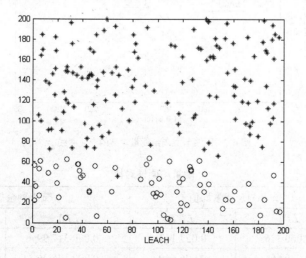

图 4.6　死亡节点分布图（30%节点死亡时，"o" 代表死亡节点）

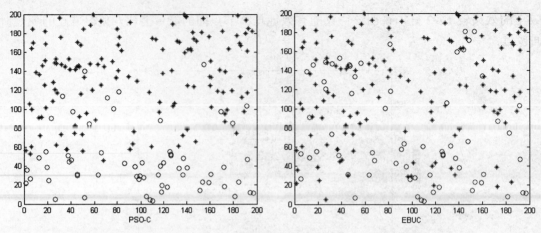

图 4.6　死亡节点分布图（30%节点死亡时，"o"代表死亡节点）（续）

图 4.7 和图 4.8 显示了 3 种协议在能量均衡方面的性能，表 4.2 给出了相关的数据。图 4.7 中，EBUC 的网络节点能量均值一直都比 LEACH 或者 PSO-C 的高，表明 EBUC 协议能更有效地节约节点能量。图 4.8 给出了 3 种协议节点能量方差随时间变化的比较：EBUC 的网络节点能量方差比 LEACH 或者 PSO-C 的低很多；同时，在 LT-2 时 EBUC 的节点剩余能量方差已经接近于零，而 PSO-C 协议在其 LT-2 时的节点剩余能量方差是 EBUC 的十倍多。这表明 EBUC 协议能更有效地均衡网络节点能量。从图 4.7 和图 4.8 可以看出，EBUC 协议的能量均衡性能最好。

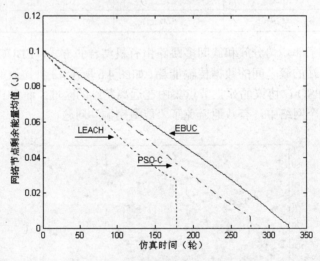

图 4.7　网络节点剩余能量均值的变化曲线

表 4.2　　　　　　　　　　　　　　　　　能量均衡性对比

	节点剩余能量均值		节点剩余能量方差	
	LT-1	LT-2	LT-1	LT-2
LEACH	0.060 376	0.027 147	0.000 317 99	0.000 357 98
PSO-C	0.039 661	0.006 649	0.000 125 26	5.681 8e-005
EBUC	0.019 44	0.0017 935	4.093 7e-005	3.349 6e-006

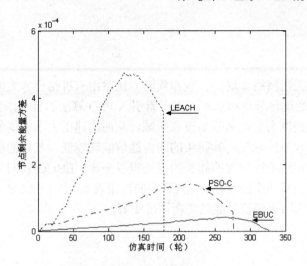

图 4.8　网络节点剩余能量方差的变化曲线

2. 基站位置变化

基站位置对网络生存周期具有重要影响。所有节点初始能量等于 0.1 J 的条件下，表 4.3 给出了基站位于不同位置时 3 种协议网络生存周期的对比情况。从表 4.3 可以看出，EBUC 协议在基站位于不同位置时均取得了比 LEACH 或者 PSO-C 更长的网络生命周期。当基站位于（100，275）时，EBUC 的网络生存周期比 LEACH 或者 PSO-C 的显著提高。这是由于 LEACH 和 PSO-C 协议采用簇头单跳传输数据至基站的方式，当基站距离网络较远时，会导致网络不同位置的簇头向基站传输数据的能耗差别较大，致使网络节点的能量消耗不均衡，网络中距离基站较远区域成为能耗"热点"，形成"能量空洞"。EBUC 协议采用网络非均匀分簇和簇间多跳路由有机结合的策略，有效地解决了这一问题。当基站距离网络更远时，即位于（100，350）或者（100，425）时，EBUC 的网络生存周期与 LEACH 或者 PSO-C 的差距在缩小，这是由于节点的初始能量较小，基站位置太远，与基站直接通信的簇头在一次通信中能量消耗太大，突然死亡的概率增大。

表 4.3　　　　　　　　　　　　　　基站位置变化时的网络生存周期

基站位置	协议	LT-1	LT-2	LT-1 延长	LT-2 延长
（100，200）	LEACH	171	294	124.6%	35.7%
	PSO-C	219	341	75.3%	17%
	EBUC	384	399	——	——
（100，275）	LEACII	83	178	230.1%	83.1%
	PSO-C	170	275	61.2%	18.5%
	EBUC	274	326	——	——
（100，350）	LEACH	42	88	116.7%	103.4%
	PSO-C	85	153	7%	17%
	EBUC	91	179	——	——
（100，425）	LEACH	21	40	61.9%	80%
	PSO-C	26	65	30.8%	10.8%
	EBUC	34	72	——	——

4.6 本章小结

本章提出了一种采用网络非均匀分簇和簇间多跳路由有机结合方式的无线传感器网路分簇路由协议 EBUC。通过将节点和基站距离因素引入 PSO 算法的目标函数，EBUC 使得距离基站较近区域的簇头密度大于距离基站较远区域，从而构建出大小非均匀的簇。由于距离基站较近区域的簇具有较小的规模，其簇头的簇内通信能耗较低，节省的能量用于完成簇间数据转发任务。这样，网络不同位置的簇头的能耗得以平衡。EBUC 簇间多跳路由根据节点剩余能量和节点与基站距离两个因素确定。仿真实验结果表明，与 LEACH 和 PSO-C 协议相比，EBUC 的网络生存周期明显延长，能耗均衡性能更好。

参考文献

[1] Soro S，Heinzelman W B. Prolonging the lifetime of wireless sensor networks via unequal clustering [J]. 2005，

[2]杨军，张德运. 非均匀分簇的无线传感器网络数据传送机制[J]. 西安交通大学学报，2009，43（4）：14-17.

[3] Xiang M，Shi W R，Jiang C J，et al. Energy-efficient clustering algorithm for maximizing lifetime of wireless sensor networks [J]. AEU-International Journal of Electronic & Communication，2010，64（4）：289-298.

[4] Lee S，Yoo J，TCC. Distance-based energy efficient clustering for wireless sensor networks [C]. Proceedings of the 29th Annual IEEE International Conference on Local Computer Networks（LCN'2004），2004：567-568.

[5] Yang J，Zhang D. An Energy-balancing unequal clustering protocol for wireless sensor networks [J]. Information Technology Journal，2009，8（1）：57-63.

[6] Heinzelman W，Chandrakasan A，Balakrishnan H. Energy-efficient communication protocol for wireless microsensor networks [C]. Proceedings of the 33rd Hawaii International Conference on System Science（HICSS'00）. 2000.

[7] Latiff N M A，Tsimenidis C C，Sharif B S. Energy-aware clustering for wireless sensor networks using particle swarm optimization [C]. IEEE 18th International Symposium on Personal，Indoor and Mobile Radio Communications. Athens. 2007：1-5.

第 5 章 分布式非均匀分簇路由协议

5.1 引言

大规模 WSNs 由成千上万个廉价微型的传感器节点组成,这些节点被播撒在一个非常大的区域中,监视环境变化、执行入侵检测、收集地震或者火灾信息等。由于传感器节点的能量、计算能力、储存空间和通信能力都非常有限,对于大规模 WSNs 而言,设计和实现能量高效并且易于扩展的路由协议和算法至关重要。分簇路由协议便于网络管理,能够更好地支持数据融合、容错机制和安全机制等其他 WSNs 的重要技术,具有良好的可扩展性和节能性,适合于大规模 WSNs。

分簇路由协议的关键问题是如何组簇。一些文献中提出的成簇算法采用集中式策略,如 LEACH-C 和 PSO-C,而更多的则采用分布式策略,如 LEACH、HEED、EEUC 和 EADEEG。集中式算法一般在能量无限的基站执行,基于全局信息,且可以采用一些智能优化算法来实现分簇,使得网络分簇更加合理,数据传输能耗更小。但是,由于每个节点必须发送位置和能量信息给基站,集中式算法要求节点具有位置感知能力(可能通过安装 GPS 天线实现)。同时,集中式算法要求节点具有直接和基站通信的能力,当基站距离监测区域较远或者监测区域较大时,这一点很难实现。相比集中式算法,分布式算法基于局部信息实现分簇。分布式算法对节点要求较低,适用于更多类型的 WSNs,特别是大型网络。分布式算法的主要问题是不能保证簇头的分布位置和数量,但是由于算法的自适应性,某轮不好的分簇并不会对整体性能产生太大的影响[1]。

分簇路由协议的另一个重要问题是簇间数据传输模式,即簇间路由。簇间路由可以采用单跳或者多跳模式。但是,对于大规模 WSNs 而言,由于节点距离基站较远,通常只能采用多跳方式。而且,一些研究(如文献[2])显示,当数据发送者距离接收者较远时,由于无线通信的特点,多跳通信相比直接通信通常更节能。但是,簇间路由采用多跳方式可能引起"热点"问题。由于距离基站较近的簇头承担了较重的数据转发任务,它们的能量消耗速度快于其他簇头,死亡速度较快,从而使得监测范围缩小并引起网络分割。

针对大、中型 WSNs 的周期性数据收集应用,本章提出一种能量高效均衡的分布式非均匀分簇路由协议 DEEUC。本协议采用非均匀分簇和簇间多跳路由有机结合的方式。DEEUC 采用基于时间的簇头竞争算法,广播时间取决于候选簇头的剩余能量和其邻居节点的剩余能量。同时，距离基站较近的候选簇头具有较小的竞争范围，使得距离基站较近的簇具有较小的几何尺寸。这样，距离基站较近的簇头在簇内通信中消耗的能量较少，节省下来的能量用于簇间的数据转发任务，不同位置簇头的能耗得以平衡。DEEUC 采用簇间多跳路由，根据节点剩余能量、簇内通信代价和簇间通信代价，每个簇头在邻居簇头集合中运用贪婪算法选择中继节点。

5.2 相关模型及假定

本章协议支持与 3.3.2 小节相同的数据收集方式，采用与 3.3.3 小节相同的网络能耗模型，与 3.3.4 小节相同的数据融合模型。但网络模型及假定有所区别，本章假设 WSNs 具有如下性质：

（1）节点具有唯一 ID，均匀分布在监测区域；

（2）所有节点固定并且能量有限，基站位置固定，能量不受限；

（3）所有节点具有相似的能力（计算/存储/通信），并且地位平等，都能够充当簇头或普通节点；

（4）节点通信功率可调，即节点可以根据距离来调整发射功率的大小；

（5）链接是对称的，如果传输功率已知，节点可以根据接收到的信号的强度来计算距离；

（6）监测区域空间规模较大，节点密集部署；

（7）节点不具有位置感知能力，没有安装具有 GPS 功能的天线；

（8）采用数据融合技术减少传输的数据量；

（9）每个节点周期执行数据采集任务，并始终有数据传送至基站。

网络的前 5 项属性是一般 WSNs 的典型设置。第 6 项属性表明本章协议适用于较大规模 WSNs 的应用。第 7 项属性表明本协议不要求节点具有位置感知能力。第 8 项属性广泛地应用于分簇网络中，采用一定的数据融合技术来减少传输的数据量，能显著节约节点的能量。第 9 项属性表明本协议适用于周期性数据收集的 WSNs 应用。

5.3 DEEUC 协议

网络初始化阶段，基站广播"hello"消息（包含平均单跳距离）至所有节点。根据接收到信号的强度，每个节点计算与基站的大概距离。这不仅帮助节点选择合适的功率与基站通信，也帮助实现网络非均匀分簇。

由于簇头和普通节点的能耗一般不同，簇头必须周期重选以平衡节点能耗。DEEUC 协议采用轮循环机制，每一轮包括 3 个阶段：簇的形成、簇间多跳路由建立和数据传输。第一个阶段产生不同几何尺寸的簇，然后根据网络分簇结果建立簇间多跳路由，最后网络进入稳态阶段完成数据传输。图 5.1 是 DEEUC 协议的基本原理图，图中不同大小的圆圈代表簇，簇头之间的连线代表簇间多跳传输路径。

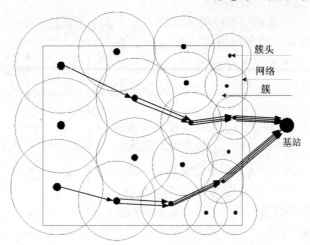

图 5.1　DEEUC 协议基本原理

5.3.1　簇的形成

DEEUC 采用分布式簇头竞争算法，簇头的选举完全依据局部竞争。参与簇头竞争的候选簇头保存一个邻居节点信息表，如表 5.1 所示，并按一定规则竞争成为最终簇头。候选簇头的邻居节点集合定义及候选簇头之间竞争的规则如下。

定义 5.1 在 DEEUC 簇头竞选算法中，候选簇头 v_i 的邻居节点集合 NT_i 为：

$$NT_i = \left\{ v_j \mid v_j \text{是候选簇头, 且} d(v_i, v_j) < \max(v_i.R_{\text{comp}}, v_j.R_{\text{comp}}) \right\} \tag{5.1}$$

规则 5.1 在竞选过程中，若候选簇头 v_i 宣布其竞选获胜，则 v_i 的所有邻居节点均不能成为最终簇头，立即退出竞选过程。

由于在 WSNs 的实际应用中，节点的密度一般较高（如 20 个节点/m²）[35]，因此没有必要每个节点都成为候选簇头。设置一个门限值 T 以控制候选簇头的比例。同时，每个候选簇头设置一个竞争范围 R_{comp}，它是该节点与基站距离的函数，用于控制簇头在网络中的分布。为了使距离基站较近的簇具有较小的几何尺寸，在距离基站较近的区域应选举更多的簇头。因此候选簇头的竞争半径应正比于它和基站的距离。亦即，随着候选簇头到基站距离的减小，其竞争半径应该随之减小。假设 R_{comp}° 是预先定义的最大竞争半径，候选簇头 v_i 的 R_{comp} 为：

$$v_i.R_{\text{comp}} = (1 - c \frac{d_{\max} - d(v_i, BS)}{d_{\max} - d_{\min}}) R_{\text{comp}}^{\circ} \tag{5.2}$$

其中，$d_{\max}$ 和 $d_{\min}$ 分别代表节点和基站的最大和最小距离，$d(v_i, BS)$ 代表 v_i 和基站的距离，c 是位于 0 到 1 之间的常数。根据式（5.2）可知，候选簇头的竞争范围在 $(1-c)R_{\text{comp}}^{\circ}$ 到 R_{comp}° 之间变化。

表 5.1　　　　　　　　　　　　　　邻居节点信息表

标识	意义
ID	邻居节点编号
R_{comp}	邻居节点竞争范围
RE	邻居节点剩余能量

图 5.2 给出了一张候选簇头的拓扑示意图，其中大小不同的圆圈代表候选簇头的竞争区域。由定义 5.1，v_1 和 v_2 不是邻居节点，而 v_3 和 v_4 互为邻居节点，因为 v_4 位于 v_3 的竞争区域内。根据规则 5.1，v_1 和 v_2 可以同时成为最终簇头，而 v_3 和 v_4 则不能同时成为最终簇头。

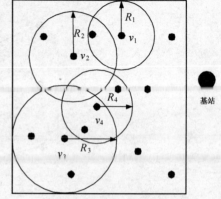

簇头选举算法的伪代码如图 5.3 所示。在簇头选举算法中，控制信息的广播半径是 R_{comp}^{0}，以保证候选簇头能接收其邻居节点的信息。首先，每个候选簇头广播包括自身 *ID*、竞争范围和剩余能量的 COMPETE HEAD_MSG 消息，而普通节点则进入休眠状态直到簇头选举算法结束，如图 5.3 中行 1～9 所示。接收这些消息后，候选簇头更新其邻居节点信息表，如图 5.3 中行

图 5.2　候选簇头的竞争区域

10～13 所示。下一步是候选簇头竞争簇头阶段。其他一些算法中（如 EEUC），剩余能量大于所有邻居节点的候选簇头竞选成功并广播消息通知其邻居节点，邻居节点收到该消息后放弃竞争并广播消息。这种方式中，候选簇头竞争簇头时需要广播和接收大量消息，特别当节点密度较大时。DEEUC 在簇头竞争阶段采用计时广播代替协商机制，如图 5.3 中行 19～27 所示。候选簇头 v_i 依据自身时间进度广播 FINAL_HEAD_MSG 消息，宣布自己成为簇头。

$$t_i = k \times T_{CH} \times \frac{\overline{E}_{NT_i}}{RE_i} \qquad (5.3)$$

其中，k 是均匀分布在（0.9，1）之间的随机数，用于减小广播消息时间冲突的可能性；T_{CH} 是预先定义的簇头选择所需的时间；RE_i 是 v_i 的剩余能量；$\overline{E}_{NT_i}$ 是 v_i 邻居节点的平均剩余能量。如果 $RE_i < \overline{E}_{NT_i}$，$v_i$ 放弃竞争簇头，如图 5.3 中行 14～18 所示。根据公式（5.3），广播时间 t 取决于节点的剩余能量和其邻居节点的平均剩余能量。如果节点在其所处区域具有较大的能量，则它成为簇头的等待时间较短，概率较大。

```
Cluster Heads Selection Algorithm
For every node in the network
1: μ ←RAND(0,1)
2: if μ <T then
3:    beVolunteerNode←TRUE
4: end if
5: if beVolunteerNode= TRUE then
6:    CompeteHeadMsg(ID, Rcomp, RE)
7: else
8:    sleep
9: end if
For every volunteer node vi
10: on receiving a COMPETE_HEAD_MSG from volunteer node vj
11: if d(vi, vj)< vj.Rcomp OR d(vi, vj)< vi.Rcomp then
12:    add vj to vi neighbor set NTi
13: end if
For every volunteer node vi
14: if REi >= ENTi
```

图 5.3　簇头选择算法伪代码

```
15:     compute tᵢ according to equation(5.3)
16:  else
17:     vᵢ give up the competition and become an ordinary node
18:  end if
For every volunteer node vᵢ
19:  while(the timer T_CH is not expired)
20:     if(CurrentTime<tᵢ)
21:        if(heard FINAL_HEAD_MSG from a neighbor NTᵢ)
22:           give up the competition and stop the timer tᵢ
23:        end if
24:     else if(CurrentTime = tᵢ)
25:        FinalHeadMsg(ID)
26:     end if
27:  end while
```

图 5.3　簇头选择算法伪代码（续）

簇头选择完成后，普通节点退出休眠状态，簇头广播 CH_ADV_MSG 消息。普通节点根据接收消息的强度加入最近的簇头，并发送 JOIN_CLUSTER_MSG 消息通知簇头。网络非均匀分簇完成。图 5.4 是 DEEUC 非均匀分簇的一个例子，基站位于（100，275）。从图中可以明显看出，越靠近基站的簇具有越小的几何尺寸。

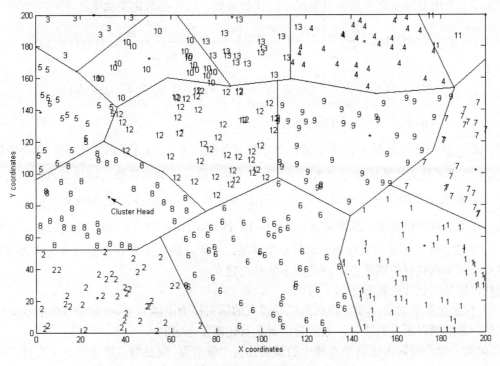

图 5.4　节点非均匀分簇

5.3.2　簇间多跳路由

DEEUC 采用簇内单跳和簇间多跳数据传输方式。每个簇头需要从邻居簇头中选择一个作为其中继节点，转发数据至基站。与 PEGASIS 等其他算法不同，DEEUC 协议的中继节点不融合其他簇头数据和自身数据。

DEEUC 协议簇间多跳路由建立采用分布式策略，设计目标是找到一条优化路径，以减小簇间数据传输的能耗和避免"热点"问题。首先，簇头 s_i（$i = 1$, 2, $\cdots K$，K 为簇头数量）广播一条消息，广播功率覆盖 δ 倍簇头 s_i 竞争半径范围内的节点。这条消息包括簇头 ID、剩余能量、成员节点数和到基站距离。接收到消息后，如果邻居簇头到基站的距离较小，则簇头 s_i 计算和邻居簇头 s_i（$i = 1$, 2, $\cdots M$，M 为簇头 s_i 的邻居簇头数量）的大概距离，并建立一个邻居簇头信息表，如表 5.2 所示。

表 5.2 簇头邻居节点信息表

标识	意义
ID	邻居簇头 s_j 编号
RE	邻居簇头 s_j 剩余能量
d_{toBS}	邻居簇头 s_j 到基站距离
d_{toCH}	邻居簇头 s_j 到簇头 s_i 距离
N_{non-CH}	邻居簇头 s_j 的成员节点数

簇头 s_i 运用贪婪算法在其邻居簇头集合中（包括簇头 s_i 本身）选择其中继节点 RN_i，中继节点 RN_i 在所有的候选节点中具有最小的代价函数。代价函数定义如下：

$$cost(i, j) = \alpha \frac{\overline{E}_{\text{neighor}}(s_i)}{E_{\text{current}}(s_j)} + \beta \frac{N_{\text{non-CH}}(s_j)}{\overline{N}_{\text{non-CH}}(s_i)} + \gamma \frac{d_{s_i-s_j}^2 + d_{s_j-BS}^2}{d_{s_i-BS}^2} \quad (i \neq j)$$

$$cost(i, j) = \alpha \frac{\overline{E}_{\text{neighor}}(s_i)}{E_{\text{current}}(s_j)} + \beta \frac{N_{\text{non-CH}}(s_j)}{\overline{N}_{\text{non-CH}}(s_i)} + \gamma \quad (i = j \,\&\, d_{s_i-BS} \leqslant d_0) \qquad (5.4)$$

$$cost(i, j) = +\infty \quad (i = j \,\&\, d_{s_i-BS} > d_0)$$

其中，$\overline{E}_{\text{neighor}}(s_i)$ 表示簇头 s_i 的邻居簇头剩余能量均值，$E_{\text{current}}(s_j)$ 表示簇头 s_j 的剩余能量；$N_{\text{non-CH}}(s_j)$ 表示簇头 s_j 的成员节点数，$\overline{N}_{\text{non-CH}}(s_i)$ 表示簇头 s_i 的邻居簇头成员节点数量均值；$d_{s_i-s_j}$ 表示簇头 s_i 到簇头 s_j 的距离，d_{s_j-BS} 表示簇头 s_j 到基站的距离，d_0 为簇头至基站距离临界值，α, β, γ 为加权系数，且满足 $\alpha + \beta + \gamma = 1$。因此，$cost(RN_i) = \min\{cost(i, j)\}$。如果簇头 s_i 的中继节点是本身，则直接发送数据至基站；否则，簇头 s_i 发送数据至中继节点 RN_i。一旦每个簇头都找到中继节点，则簇间多跳路由建立。

代价函数的设计主要基于以下考虑。

① 代价函数中的第一项选择剩余能量较大的簇头作为中继节点。中继节点完成数据转发的任务，需要消耗更多的能量，故能量因素是首先需要考虑的。

② 第二项选择簇内成员节点较少的簇头作为中继节点。成员节点较少的簇头在簇内通信中消耗的能量较少，故有较多的能量保留下来用于簇间数据转发。

③ 第三项选择位置较好的簇头作为中继节点。簇间多跳路由应尽量选择最短路径，以使得数据传输能耗最小。簇头 s_i 至基站的最短路径是连接它们之间的直线，则中继节点的选择应尽量靠近这条直线。

④ 距离临界值 d_0 的设置是为了保证距离基站较远（与基站距离大于 d_0）的簇头 s_i 不会直接发送数据至基站。

下面进一步说明第③点，中继节点位置选择问题。为了简化讨论，假设数据传输能耗与距离平方成正比，簇头 s_i 的中继节点在如图 5.5 所示的阴影区域内选择，根据三角形的边长平方之间的关系可知，$a^2 + b^2 < c^2$，则两跳传输能耗小于单跳传输能耗。簇头 s_j 沿垂线 d 越靠近直线 c，$a^2 + b^2$ 越小，两跳传输能耗越小。

下面进一步说明第④点，距离临界值 d_0 的设置目的。如图 5.6 所示，簇头 s_i 位于网络角落，距离基站非常远，直接单跳传输数据至基站能耗很大（与 $d_{s_i-BS}^4$ 成正比），应选择其他簇头（如簇头 s_j）中继转发数据至基站。但是，簇头 s_i 的成员节点数量很少，如果剩余能量也较大，则其代价函数的第一项和第二项的值很小，从而导致簇头 s_i 可能选择自己作为中继节点，即直接发送数据至基站。设置距离临界值 d_0，则簇头 s_i 只能选择其他簇头作为中继节点，可以有效避免这类特殊节点直接发送数据至基站。

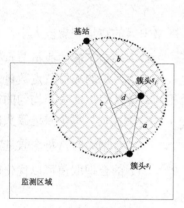

图 5.5 中继节点选择区域

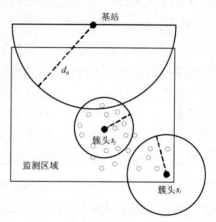

图 5.6 中继节点选择

5.4 协议分析及仿真

5.4.1 协议分析

1. 消息复杂度

性质 5.1 网络分簇阶段，DEEUC 算法的消息复杂度为 O(N)。

证明：DEEUC 网络分簇算法中，有 $N \times T$ 个节点成为候选簇头而参与竞选，共广播 $N \times T$ 条 COMPETE_HEAD_MSG 消息。然后，竞选成功的候选簇头广播一条 FINAL_HEAD_MSG 消息，其邻居节点收到消息后直接退出竞选。假设共选出 K 个簇头，则它们广播 K 条 FINAL_HEAD_MSG 消息和 K 条 CH_ADV_MSG 消息，而 $N-K$ 个簇成员广播 $N-K$ 条 JOIN_CLUSTER_MSG 消息。因此，该阶段网络中总的消息开销为：

$$N \times T + K + K + N - K = (T+1)N + K \tag{5.5}$$

所以消息复杂度为 O(N)。

传感器节点发送数据的能耗是所有活动中最高的，性质 5.1 说明 DEEUC 算法的消息开销较小，能量利用高效。HEED 的分簇算法也是消息驱动的，其消息开销的上界为 $N_{iter} \times N$（N_{iter} 是消息迭代的次数）。因为 DEEUC 避免了消息迭代，所以消息开销低于 HEED。EEUC 分簇

算法的消息开销为 $(2T + 1)N$，因为采用了计时广播代替协商机制，DEEUC 算法消息开销较 EEUC 小（$T \times N-K$）。

2. 阈值 T 的取值

DEEUC 协议中，最终簇头从候选簇头中产生，要保证最终簇头的质量，必须保证足够数量的候选簇头。阈值 T 是唯一影响候选簇头数量的因子，因此它必须足够大。另一方面，由性质 5.1 的证明可知，阈值 T 对算法的消息开销有重要影响，阈值 T 越大，网络分簇阶段的消息开销越大。因此，必须选择合适的阈值 T，既可以让大量剩余能量较高的节点参与竞选过程，使算法更加公平，又不至于导致消息开销过大。

阈值 T 的取值还与网络节点的存活率相关。网络节点存活率为 100% 时，即第一个节点死亡之前，阈值 T 的取值为常数；网络节点存活率逐渐下降时，阈值 T 的取值应随之逐渐增大，以保证足够数量的候选簇头参与最终簇头的竞争。

3. 参数 R°_{comp} 和 c 的取值

DEEUC 协议中，参数 R°_{comp} 和 c 的取值共同决定了网络中簇的数量和规模大小，对网络生存周期有着重要影响。在网络节点均匀分布的情况下，参数 c 决定了簇的成员节点数量之间的非均匀程度。c 的值越大，候选簇头的竞争半径的差异越大，簇的成员节点数量之间的差值也越明显。而当 c 等于 0 时，候选簇头的竞争半径相同，算法将生成大小均匀的簇。参数 R°_{comp} 和 c 共同决定了算法所生成簇的数目。固定 R°_{comp}，当 c 增大时，每个候选簇头的竞争半径随之减小，因此所生成的簇的数目随之增加；固定 c，当 R°_{comp} 增大时，每个候选簇头的竞争半径随之增大，因此所生成的簇的数目随之减小。R°_{comp} 和 c 的合理取值可以优化网络中节点的能量消耗，均衡网络能量，延长网络的生命周期。

4. 加权系数 α、β、γ 的取值

中继节点的选择需要综合考虑簇头的剩余能量、簇内通信能耗和簇间中继能耗，加权系数 α、β、γ 的作用正是有效平衡这 3 个方面的因素。α、β、γ 的取值与网路规模、节点密度、基站位置、网络分簇数目以及非均匀分簇程度等多个因素相关。

5. 广播功率参数 δ 的取值

参数 δ 决定了簇头在选择中继节点时可选对象集合的大小。δ 较大时，可选对象集合较大，选择结果更优化，簇间多跳路由的跳数较少。但是，可能使得单跳距离较大，数据传输能耗与距离 4 次方成正比。δ 较小时，可以有效地控制单跳传输距离，但选择范围缩小，结果较片面，且簇间多跳路由的跳数增加，数据汇聚时延加大。参数 δ 的选择与网络规模和网络分簇参数 R°_{comp} 和 c 相关。

6. 簇头至基站距离临界值 d_0 的取值

距离临界值 d_0 的设置是为了保证较远的簇头不会直接发送数据至基站，以节省簇间数据传输能耗。d_0 的取值与基站位置密切相关，且受网络规模和节点密度等其他因素影响。本章仿真中设置 d_0 等于节点至基站最大距离的二分之一。

5.4.2 性能评价指标

1. 网络生命周期

本章的网络生命周期定义如 4.5.2 小节所述。

2. 能耗均衡性

本章的能耗均衡性评价如 4.5.2 小节所述。

3. 数据汇聚时延

本章主要分析路由协议簇间多跳数据汇聚时延。定义网络的最大汇聚时延为所有簇头到基站的汇聚路径中跳数最多的那条路径的跳数。定义网络的平均汇聚时延为所有簇头到基站汇聚路径的平均跳数。

5.4.3 仿真方法及参数

为了验证 DEEUC 协议的性能，利用 MATLAB 在相同条件下仿真 LEACH、EEUC 和本协议，并对比多项性能。无线通信能耗模型和相关参数详见 5.2 节，其他仿真参数如表 5.3 所示，网络节点分布如图 5.7 所示。

表 5.3 网络环境与参数

Parameter	Value	Parameter	Value
Network coverage	（0，0）～（400，400）m	T	0.2
Base station location	（200，450）m	R_{comp}°	90 m
Node number	1 600	c	0.5
Initial energy	0.3 J	$\alpha,\ \beta,\ \gamma$	0.3，0.3，0.4
Data packet size	4 000 bit	δ	3
Data packet header	100 bit	d_0	246 m

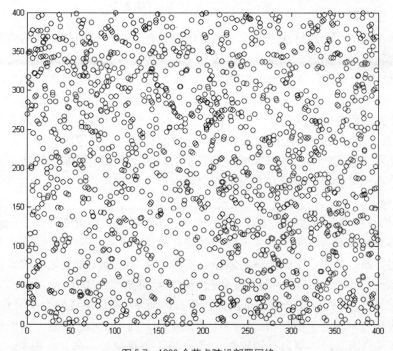

图 5.7 1600 个节点随机部署网络

5.4.4　仿真结果分析

1. 簇头的特征

如前所述，参数 R^o_{comp} 和 c 共同决定了 DEEUC 分簇算法选出的簇头数量。图 5.8 显示了 c 取两个不同的值时，簇头的数目与 R^o_{comp} 之间的关系（随机选出 100 轮的平均值）。从图中可以看出，最大竞争半径 R^o_{comp} 越小，算法生成的簇头的数量越大。在图中，$c = 0.5$ 时对应的曲线高于 $c = 0$ 时对应的曲线。这是因为当 R^o_{comp} 固定时，c 的增大导致候选簇头的竞争半径变小，因此选举出的簇头数量增大。

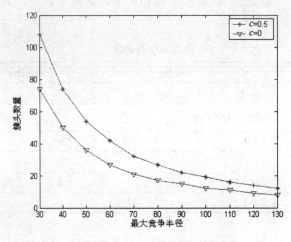

图 5.8　DEEUC 生成的簇头的数量

下面说明 DEEUC 分簇算法生成簇头数量的稳定性。在网络拓扑固定的情况下，一个好的分簇算法每轮选举出的簇头数量应该比较稳定，集中于簇头数量的最优值附近，以优化网络的能量消耗。在没有任何节点死亡的情况下，图 5.9 比较了 LEACH 和 DEEUC 在随机选出的 100 轮中产生的簇头数量的分布情况。由图可见，LEACH 的簇头数量波动范围较大，而 DEEUC 的簇头数量变化范围较小，更为稳定。这样的结果与两种算法的簇头选举方法密切相关，LEACH 的簇头选举采用随机数和阈值的控制机制，难以控制每轮生成的簇头数量，而 DEEUC 采用了候选簇头在局部区域进行竞争的方法，有效地控制了算法所生成的簇头的数量，使之分布于最优簇头数量左右很小的邻域内。

2. 参数确定

DEEUC 协议的多个参数相互关联，互相影响，共同决定了协议的性能。下面讨论在 5.4.3 小节所述网络环境和参数设置下，各个参数的优化确定。

如前所述，阈值 T 决定了候选簇头数量。实验中从 0.05 到 0.4 变化 T 的取值，观察网络中第一个节点死亡的时间（LT-1）随之变化的情况，结果如图 5.10 所示。阈值 T 取值较小时，候选簇头数量较少，难以保证产生出来的簇头组合的质量，从而造成网络中节点能耗的不均，部分节点很快死亡。随着 T 值的增大，LT-1 逐渐上升。而当 $T>0.2$ 以后，由于候选簇头数量过多，使得簇头选举阶段的消息开销较大，因此 LT-1 逐渐快速下降。在图中，当 $T = 0.2$ 时，即候选簇头数量等于 320 时，网络的生存周期最长。

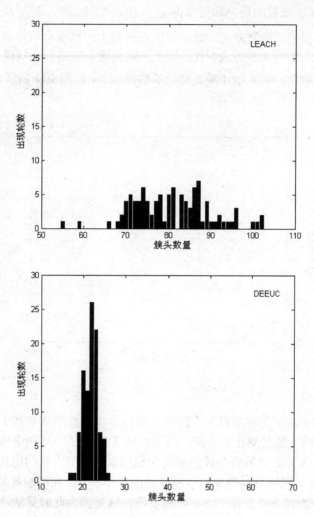

图 5.9 两种协议生成的簇头数量分布统计

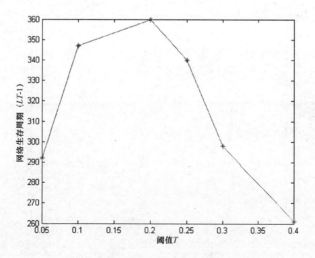

图 5.10 网络存活时间随阈值 *T* 变化的趋势

DEEUC 算法中所生成簇的数目和规模由 R_{comp}^{o} 和 c 共同决定。R_{comp}^{o} 决定了网络中簇的最大规模。由于簇内通信采用单跳方式，如果簇的规模过大，则成员节点与簇头的距离可能超过 $d_{crossover}$，传输能耗与距离 4 次方成正比。因此，需要限制簇的最大规模。实验中在 $d_{crossover}$ 大小附近变化 R_{comp}^{o} 的取值，观察 $LT\text{-}1$ 随之变化的情况，结果如图 5.11 所示。在图中，$R_{comp}^{o}=90$ 时，$LT\text{-}1$ 值最大。

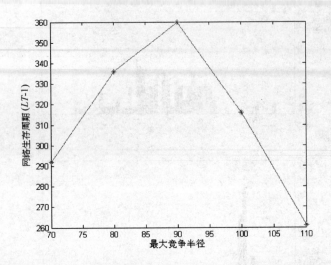

图 5.11　网络存活时间随阈值 R_{comp}^{o} 变化的趋势

如前所述，参数 c 决定了簇规模大小的非均匀程度。仿真中从 0 到 1 变化 c 的取值，观察网络生存周期（$LT\text{-}1$）随之变化的情况，结果如图 5.12 所示。从图中可以看出，当 $c=0.5$ 左右时，$LT\text{-}1$ 最大，因为此时网络分簇的非均匀程度最优，节点间的能耗较为平衡。当 c 从 0.5 减小到 0 的过程中，网络分簇的非均匀程度逐渐减小，节点间的能耗差异逐渐增大，因此 $LT\text{-}1$ 的值逐渐减小。而当 $c>0.5$ 后，$LT\text{-}1$ 快速下降，这是因为此时算法产生的簇头的数目过大，使得数据融合率下降，网络能量消耗增加。

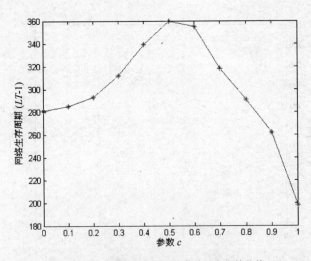

图 5.12　网络存活时间随参数 c 变化的趋势

加权系数 α、β、γ 的取值决定了簇头在选择中继节点时，所考虑的 3 方面因素（簇头的剩余能量、簇内通信能耗和簇间中继能耗）的权重。实验中变化 α、β、γ 的取值，观察 LT-1 随之变化的情况，结果如表 5.4 所示。在表中，当 $\alpha = 0.3$、$\beta = 0.3$ 和 $\gamma = 0.4$ 时，LT-1 值最大。

表5.4	网络存活时间随参数 α, β, γ 变化的趋势
参数	LT-1
$\alpha = 0.2, \beta = 0.2, \gamma = 0.6$	357
$\alpha = 0.3, \beta = 0.3, \gamma = 0.4$	360
$\alpha = 0.4, \beta = 0.4, \gamma = 0.2$	275

参数 δ 决定了簇头在选择中继节点时可选对象集合的大小。实验中变化 δ 的取值，观察 LT-1 随之变化的情况，结果如图 5.13 所示。在图中，当 $\delta = 3$ 时，网络生存时间最长。

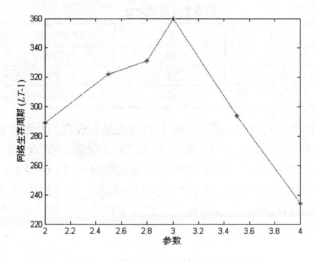

图 5.13　网络存活时间随参数 δ 变化的趋势

3.　能量效率

DEEUC 的核心思想之一是利用非均匀分簇的思想来解决 "热点" 问题，延长网络的存活时间。下面首先通过网络生存周期来验证 3 种协议的能量效率。图 5.14 显示了存活节点数随仿真周期的变化情况。从图中可以看出，DEEUC 相对于 LEACH 和 EEUC 明显提高了网络生存周期（包括 LT-1 和 LT-2），数据对比如表 5.5 所示。由于采用了非均匀分簇和簇间多跳路由有机结合的方式，DEEUC 有效地平衡了靠近基站的簇和远离基站的簇之间的数据传输能耗。LEACH 的网络生命周期与另外两种协议相差很大，这是因为 LEACH 只适合小型网络，不适合本章仿真的网络环境。对比 EEUC 协议，DEEUC 采用计时广播方式有效减小了簇头竞争阶段的通信能耗，簇间优化路由更有效地平衡了不同位置簇头的能耗。

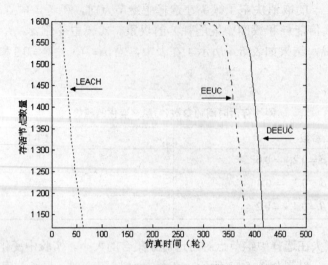

图 5.14　存活节点数量随仿真周期的变化曲线

表 5.5　　　　　　　　　　　　　　　网络生存周期对比

	LT-1	*LT*-2	*LT*-1 延长	*LT*-2 延长
LEACH	11	64	3173%	552%
EEUC	298	382	20.8%	9%
DEEUC	360	417	——	——

　　图 5.15 对比了 3 种协议的网络总能耗，较小的坡度显示较慢的能量消耗速度和较长的生存时间。DEEUC 协议的坡度明显小于 LEACH 和 EEUC，说明 DEEUC 协议消耗网络能量较其他两种协议慢；并且 DEEUC 中，*LT*-2 时网络能量已经很小（19.819 J），而 EEUC 此时网络能量为 23.948 J，说明 DEEUC 能有效平衡节点间的能耗。图 5.16 显示了 3 种协议在 *LT*-2 时的死亡节点分布情况，DEEUC 协议的死亡节点分布较均匀，而其他两种协议的死亡节点分布较集中，网络出现"能量空洞"问题。

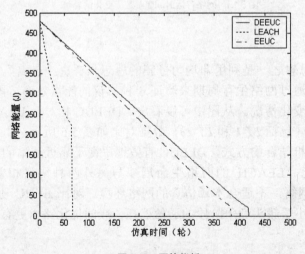

图 5.15　网络能耗

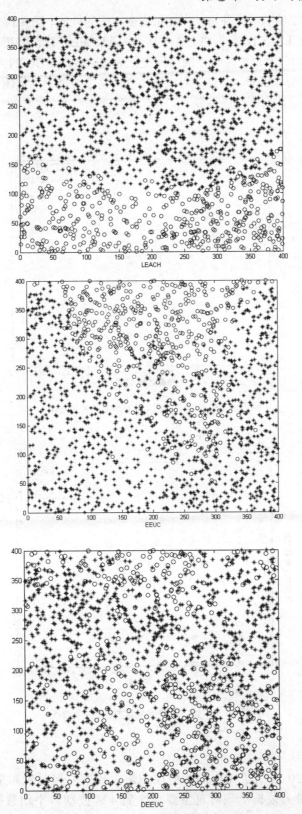

图 5.16 死亡节点分布图（30%节点死亡时，"o"代表死亡节点）

图 5.17 和图 5.18 显示了 3 种协议在能量均衡方面的性能。图 5.17 中，DEEUC 的网络节点能量均值一直都比 LEACH 或者 EEUC 的高，表明 DEEUC 协议能更有效地节约节点能量。图 5.18 给出了 3 种协议节点能量方差随时间变化的比较，DEEUC 的网络节点能量方差一直很低，变化不大，表明 DEEUC 协议能有效地均衡网络节点能量。从图 5.17 和图 5.18 可以看出，DEEUC 协议的能量均衡性能最好。

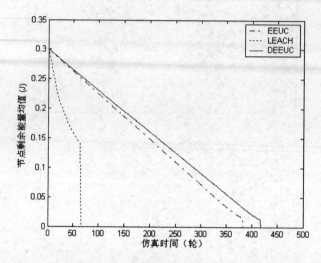

图 5.17　网络节点剩余能量均值的变化曲线

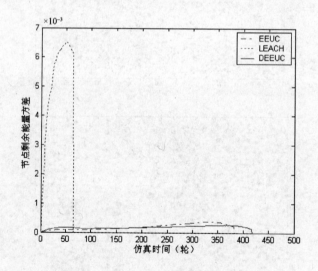

图 5.18　网络节点剩余能量方差的变化曲线

4. 数据汇聚时延

图 5.19 和图 5.20 给出了 DEEUC 协议的最大数据汇聚时延和平均数据汇聚时延情况。从图中可知，最大数据汇聚时延主要在 3 到 4 跳波动，平均数据汇聚时延在 2.2 跳上下波动。

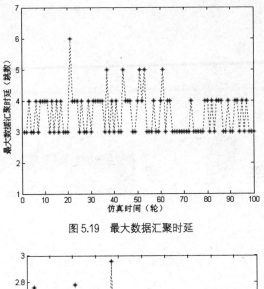

图 5.19 最大数据汇聚时延

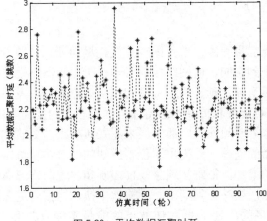

图 5.20 平均数据汇聚时延

5.5 本章小结

基于较大规模 WSNs 应用,本章提出一种分布式分簇路由协议 DEEUC。该协议基于网络局部信息实现非均匀分簇和簇间多跳路由,并使两者有机结合。DEEUC 协议在簇头竞争阶段采用计时广播代替协商机制,有效地降低了控制消息开销;簇间多跳路由建立引入代价函数,优化中继节点的选择。实验结果表明,DEEUC 能有效节约单个节点能量,均衡网络能耗,延长网络生存周期。

参考文献

[1] Heinzelman W B,Chandrakasan A P,Balakrishnan H. An application-specific protocol architecture for wireless microsensor networks [J]. IEEE Transactions on Wireless Communications,2002,1(4):660-670.

[2] Younis O,Fahmy S.Distributed clustering in ad-hoc sensor networks:A hybrid,energy-efficient approach [J]. IEEE Transactions on Mobile Computing,2004,3(4):660-669.

第6章 基于参数优化的分簇算法

6.1 引言

无线传感器网络节点能量有限，节点随着能量耗尽而死亡。随着死亡节点数目的增加，网络的可靠性和寿命将受到影响，而网络拓扑管理对于提高网络性能有着重要的影响，良好的拓扑管理可以减少能量消耗，延长网络寿命和提高节点数据收发效率等。基于层次组簇的 LEACH 算法，在降低节点能耗和提高网络寿命方面有较大的提高。然而 LEACH 算法动态、频繁地更换簇头，使节点需要额外的广播能耗来建立新簇头。文献[1]中，作者分析了通过优化簇规模来延长网络寿命的问题，并提出了位置感知的混合传输机制，改善了网络寿命。然而，随着死亡节点数目的增加，很难实现簇规模控制和实现网络寿命最大化；同时，盲目地追求每一个节点能耗平衡，簇头必须动态、频繁地更换，这需要更多的能耗来为建立新簇头服务。由于节点收发较多的广播消息，使节点的能量不能有效利用。GAF（Geographical Adaptive Fidelity）的改进算法提出采用节点地理位置信息为依据的虚拟网格分簇算法[2]，将节点按照位置信息规划到相应的单元格。这些算法较 LEACH 算法，能量效率有所改进。然而，这些算法仍然存在簇头频繁更换，而新簇头建立时簇内和簇间需要发送和接收很多广播消息，这必然加剧能量消耗，使节点的能量利用率降低。为此，本文提出了采用多参数优化的分簇算法，将网络所有节点分成静态簇。根据与基站的距离不同，其簇规模相应调整，确保远离基站的簇信息能够准确到达基站；通过优化控制簇规模的相关参数，降低簇间通信能耗；簇内采用簇头连续担任本地控制中心，簇头连续工作的次数由其剩余能量和位置信息优化得到，减少簇头更换频率，有效降低簇内通信能耗，从而使网络寿命最大化的同时，不会降低网络的覆盖和连通性能。

6.2 无线传感器网络的节点模型

由于传感器网络为应用型网络，不同场合，网络性能指标有差异，节点功能也有不同之处。为此，本文的研究作如下假设和规定：

（1）节点分布范围即网络规模较小，节点分布密度高；

（2）网络中节点为静态分布，即当节点部署之后，其位置不会随时间的改变而改变，且每个节点知道自己的坐标位置；

（3）网络中所有节点结构相同，均具备数据融合的功能，且每个节点都有一个唯一的标识（ID）；

（4）根据接收者的距离远近，节点可以调整其发射功率以节约能量消耗；同时节点可以根据接收信号的强度 RSSI（Received Signal Strength Indication）计算出发送者到自己的近似距离；

（5）网络中所有节点能够实现时间精确同步；

（6）网络寿命定义为网络中第一节点死亡时间；

（7）网络中各节点具有相同的本地存储空间，且各节点能够配备相同的初始能量；

（8）簇头与其成员采用单跳通信机制。

无线传感器网络活动节点的能耗主要由数据的收发能耗和数据处理能耗组成[3, 4]，节点发送 k bits 数据的能耗 $P_S(k)$ 可表示为：

$$P_S(k) = E_{elec} \times k + E_{amp} \times d^{\gamma} \times k \tag{6.1}$$

节点接收 k bits 数据的能耗 $P_R(k)$ 为：

$$P_R(k) = E_{elec} \times k \tag{6.2}$$

节点分析和处理 k bits 数据的能耗 $P_{cpu}(k)$ 为：

$$P_{cpu}(k) = E_{cpu} \times k \tag{6.3}$$

其中，k 为数据包的二进制长度，E_{elec}（nJ/bit）为射频电路的能耗系数，E_{amp}（nJ/bit/m²）为电路的放大器能耗系数，d 为发送距离，γ 为信号衰减指数，取值为 2 或 4。由式（6.1），式（6.2）和式（6.3）可知，能耗与通信距离和数据量密切相关，改进通信距离和减少通信量，将能有效降低簇头能耗。

6.3 分簇算法模型

在分簇算法中，簇头不仅担任本地控制中心，同时转发来自其他簇头的融合数据，因此簇头的能耗通常高于本簇的普通节点。因此，为尽可能延长整个网络的连通时间，必须延长距离基站（BS）较近的簇的存活时间，这就要求距离基站较近的簇规模小于距离基站较远的簇规模[5]。

由上面讨论可知，如果簇规模较大，导致相邻簇头的间距太大，参数 γ 需取值 4，这会导致簇头发送能耗增大。因此，构造网络拓扑时，应当考虑前后相邻簇头通信的信号衰减指数 $\gamma = 2$。另一方面，为延长网络连通时间，前后相邻簇的面积不同，"V" 字型的几何图形正好满足这种条件。

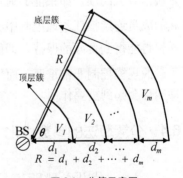

设 n 个节点分布在角度为 θ 的 V 区域，θ 称为分簇角；同时，V 区域被分成 m 个环形区域，每个子区域代表一个簇，设相邻每个簇的中心距离 $d_i(1 \leqslant i \leqslant m)$ 为簇间通信的单跳距离。为方便描述，称距离基站较近的簇为上层簇，对应最近的簇称为"顶层簇"；距离基站较远的为下层簇，对应最远的簇称为"底层簇"。分簇示意图如图 6.1 所示。

图 6.1 分簇示意图

图 6.1 中，子区域 V_1 的节点构成簇 C_1，子区域 V_2 的节点构成簇 C_2；如法炮制，n 个节点被分

成 m 个簇， V 区域的半径为 R 且满足 $R = d_1 + d_2 + \cdots + d_m$ 。

设 n_i 为簇 C_i 的节点数目， A_i 为子区域 V_i 的面积 $(1 \leqslant i \leqslant m)$ ，则有：

$$\begin{cases} \sum_{i=1}^{m} n_i = n \\ n_i = \rho A_i = \dfrac{\rho\theta}{2}[(\sum_{j=1}^{j=i} d_j)^2 - (\sum_{k=1}^{k=i-1} d_k)^2] = \dfrac{\rho\theta}{2}(d_i^2 + 2d_i \sum_{k=1}^{k=i-1} d_k) \\ n_{i+1} = \rho A_{i+1} = \dfrac{\rho\theta}{2}(d_{i+1}^2 + 2d_{i+1} \sum_{k=1}^{k=i} d_k) \end{cases} \quad (6.4)$$

其中， ρ 为节点分布密度，单位为 (nodes/m^2) 。由前面讨论可知，要确保下层簇的数据能够传送到基站，必须满足：

$$n_{i+1} \geqslant n_i \quad (6.5)$$

本章节所讨论的网络针对节点高密分布的小规模网络，即位于底层簇的任何两个节点均能正常相互通信。为计算方便，设 $d_{1\text{hop}}$ 为通信中的单跳距离，且满足 $d_1 = d_2 = \cdots = d_m = d_{1\text{hop}}$ ，显然， $d_{1\text{hop}}$ 满足不等式（6.5）。

在分簇的传感器网络中，簇头至少完成一次任务，即接收其成员和下层簇头的数据并完成数据融合，并向上层簇头或基站转发融合后的数据。如果簇中成员太多，则可能导致该簇头在一次任务中能量耗尽而无法完成该次任务，这会造成网络失效；同时，如果簇中成员太少，导致簇头主要完成转发来自其他簇头的数据，使其在网络失效时存在大量的剩余能量，从而使其能量没有充分利用。因此合理地控制簇规模对于网络性能至关重要。

图 6.1 中，簇 C_i （ $i \leqslant m$ ）的簇头要求至少完成一次任务，即接收来自其成员的数据并完成数据融合，再向上层簇头或基站转发；同时，该簇头可能需转发来自下层簇头的融合数据（ $i \leqslant m$ ）。如果簇中成员太多，簇头接收成员数据量太大，则可能出现还没有完成本次任务之前已经耗尽能量，因此对于每个簇必须限定其最大规模。其次，在一个确定的簇中，如果频繁、动态地更换簇头，新簇头的建立必然会带来大量的广播能耗，而且这些能耗不仅涉及本簇各个节点，而且会关联到与其相邻的前后各个簇头。因此，频繁更换簇头对延长网络寿命是不利的。如果各个簇的簇头采用连续担任本地控制中心直至其工作次数到达某一个最优值 f_0 才被候选簇头替代，那么用于建立新簇头所需的广播能耗将能显著减少。图 6.1 中， C_m 是规模最大的簇，如果能够通过控制单跳距离 $d_{1\text{hop}}$ 和分簇角 θ ，使处于同一个分簇角的各个簇的成员连续担任本地控制中心的总和满足 $\sum f_1 \geqslant \sum f_2 \geqslant \cdots \geqslant \sum f_m$ ，则该分簇角中网络连通性将能得到良好的保持，即能确保底层簇头的数据都能到达基站。显然，参数 $d_{1\text{hop}}$ 和 θ 对于簇的规模控制非常重要，而簇头连续担任本地控制中心的最优工作次数 f_0 对于降低网络广播能耗会起到重要作用。

6.4 分簇算法的参数优化

6.4.1 优化单跳距离

设 n 个节点均匀分布在源节点和目标节点间，相邻节点间的距离为 $d_{1\text{hop}}$ ，节点线性分布如图 6.2 所示。

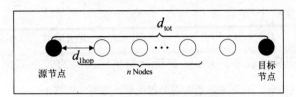

图 6.2　节点线性分布模型

由文献[6，7]可知，图 6.2 中源节点采用多跳通信方式将长度为 k 的数据包发送至目标节点，其总能耗为：

$$P \approx k \times ceil\left(\frac{d_{tot}}{d_{1hop}}\right) \times (2E_{elec} + E_{cpu} + E_{amp} \times d_{1hop}^{\gamma}) \tag{6.6}$$

其中，d_{tot} 为源节点到目标节点的总距离，$ceil\left(\dfrac{d_{tot}}{d_{1hop}}\right)$ 是获取等于或大于 $\dfrac{d_{tot}}{d_{1hop}}$ 的整数的函数。

由式（6.6）可知，以能耗最低为目标的最优单跳距离为：

$$d_{opt} = \sqrt[\gamma]{\frac{(2E_{elec} + E_{cpu})}{E_{amp}(\gamma - 1)}} \tag{6.7}$$

式（6.7）说明最优单跳距离由节点的物理参数（$E_{elec}, E_{cpu}, E_{amp}, \gamma$）决定，而与网络的拓扑结构和节点的分布位置无关。由式（6.6）和式（6.7）可知，总能耗与单跳距离的关系可用下面的定理描述。

定理：设 $\Delta d = \left|d_{1hop} - d_{opt}\right|$，如果 $\gamma = 2$，则单跳距离为 $d_{1hop} = d_{opt} + \Delta d$ 的能耗增量小于单跳距离为 $d_{1hop} = d_{opt} - \Delta d$。

证明：代 $\gamma = 2$ 到式（6.6），则总能耗为：

$$P \approx k \times \left[\frac{d_{tot}}{d_{1hop}}\right] \times (2E_{elec} + E_{cpu} + E_{amp} \times d_{1hop}^{2}) \tag{6.8}$$

对式（6.8）中的 d_{1hop} 求导，则能耗增量可表示为：

$$\frac{\partial P}{\partial d_{1hop}} = k \times d_{tot} \times \left(-\frac{2 \times E_{elec} + E_{cpu}}{d_{1hop}^{2}} + E_{amp}\right) \tag{6.9}$$

由式（6.9）可知，当 d_{1hop} 从 0 增加到 d_{tot}，能耗先减少后增加，在 $d_{1hop} = d_{opt}$ 处，总能耗最小。为证明能耗增量的变化率，对式（6.9）再次求导，得：

$$\frac{\partial^2 P}{\partial d_{1hop}^2} = 2 \times k \times d_{tot} \times \frac{(2 \times E_{elec} + E_{cpu})}{d_{1hop}^{3}} \tag{6.10}$$

显然

$$\frac{\partial^2 P}{\partial d_{1hop}^2}\bigg|_{d_{1hop} = d_{opt} - \Delta d} > \frac{\partial^2 P}{\partial d_{1hop}^2}\bigg|_{d_{1hop} = d_{opt} + \Delta d}$$

式（6.10）表明，总能耗增量的并不会随单跳距离的增加而急剧增加，且总能耗增量的变化率与单跳距离的 3 次方成反比关系。

设仿真环境有 29 个节点线性均匀分布在源节点和目标节点间，参数 $\gamma = 2$，$E_{amp} = 0.659$ nJ/bit/m²，$E_{cpu} = 7$ nJ/bit，$E_{elec} = 50$ nJ/bit, 60 nJ/bit, 70 nJ/bit，由式（6.7）计算得到的各个最优单跳距离如表 6.1 所示，总能耗与单跳距离的关系如图 6.3 所示。

表 6.1　　　　　　　　不同 E_{elec} 所对应的最优单跳距离（$\gamma = 2$）

E_{elec}（nJ）	50	60	70
d_{opt}（m）	12.73	13.91	14.97

事实上，对于相邻两个簇的簇头距离较近，通信参数 $\gamma = 2$ 是符合情理的。而当通信距离较远时，必须使运放功耗加大，则 $\gamma = 4$。尽管最优单跳距离仍然为式（6.7），但所计算得到的最优单跳距离如表 6.2 所示。

表 6.2　　　　　　　　不同 E_{elec} 所对应的最优单跳距离（$\gamma = 4$）

E_{elec}（nJ）	50	60	70
d_{opt}（m）	2.71	2.83	2.93

比较表 6.1 和表 6.2 可知，随着 γ 的增加，最优单跳距离 d_{opt} 却显著减小了，这说明远距离通信采用最优单跳距离很难实现。事实上，将 $\gamma = 4$ 代入式（6.6）并采用相同的二次求导后，却无法得到总能耗增量与单跳距离的 3 次方成反比的关系，而是能耗增量仍然随单跳距离增加而急剧增加。这说明当簇头与基站或汇聚节点采用多跳通信机制时，使用近距离通信即采用运放参数 $\gamma = 2$，将有利于降低簇间通信能耗。

图 6.3 表明总能耗在 $d_{1hop} = d_{opt}$ 处最低。显然，要降低能耗，则节点间通信的单跳距离需满足 $d_{opt} \leqslant d_{1hop} < d_{tot}$。尽管节点实际分布带有很强的随机性，很难使单跳距离满足 $d_{1hop} = d_{opt}$，但只要单跳距离满足 $d_{opt} \leqslant d_{1hop} < d_{tot}$，则总能耗能够被控制在一个较低的水平上。

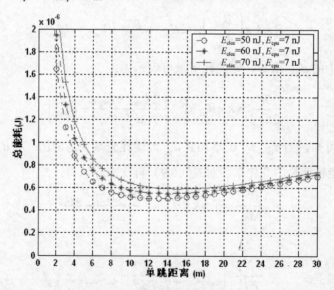

图 6.3　总能耗与单跳距离的关系

6.4.2　优化分簇角

在一个确定的网络中，由式（6.4）可知，分簇角与簇的大小和簇的数量直接相关。令 N_c 为簇头数目，则满足式（6.11）：

$$\begin{cases} \dfrac{N_c}{m} = ceil\left(\dfrac{2\pi}{\theta}\right) \\ m = ceil\left(\dfrac{R}{d_{1hop}}\right) \end{cases} \tag{6.11}$$

其中，m 代表层数目，θ 为分簇角，R 为离基站最远的节点到基站的距离，则 N_c 可由式（6.11）求出：

$$N_c = ceil\left(\dfrac{2\pi}{\theta}\dfrac{R}{d_{1hop}}\right) \tag{6.12}$$

在一个确定的簇中，每个普通节点在一个周期中只需要发送一次数据包到簇头。在图 6.1 的分簇模型中，通常普通节点到簇头的距离不会太大，因此 γ 常取值为 2，假定普通节点到簇头的平均距离为 d_1，则普通节点的能耗 P_g 可表示为：

$$P_g = k[E_{elec} + E_{amp}d_1^2] \tag{6.13}$$

由于节点成均匀分布，则簇的平均节点数目可表示为 $\rho(x, y) = R^2 / N_c$，则节点到簇头的距离可以近似表示为：

$$d_1^2 = \iint(x^2 + y^2)\rho(x, y)\mathrm{d}x\mathrm{d}y = \iint r^2 \rho(r, \theta)r\mathrm{d}r\mathrm{d}\theta = \dfrac{R^2}{2\pi N_c} \tag{6.14}$$

在一个周期中，所有普通节点发送长度相等的数据包到其簇头，总能耗可表示为：

$$P_{ga} = (N - N_c)k(E_{elec} + E_{cpu} + E_{amp} \times \dfrac{1}{2\pi}\dfrac{R^2}{N_c}) \tag{6.15}$$

其中，N 为总的节点数目。每个簇头在一个周期中，负责接收成员（上层簇头需要接收来自下层簇头的数据包）发来的数据包和完成数据融合，并将融合后数据转发到上层簇头或基站，则所有簇头的总能耗可以表示为：

$$P_{ha} \approx kN_c(2E_{elec} + E_{cpu} + E_{amp} \times d_{1hop}^\gamma) \tag{6.16}$$

设 $\gamma = 2$，网络中所有节点（簇头和普通节点）在一次完整的数据包收发过程中的总能耗可以表示为：

$$P_a = P_{ga} + P_{ha} = (N - N_c)k(E_{elec} + E_{cpu} + E_{amp} \times \dfrac{1}{2\pi}\dfrac{R^2}{N_c}) + kN_c(2E_{elec} + E_{cpu} + E_{amp} \times d_{1hop}^2) \tag{6.17}$$

$$= k[N(E_{elec} + E_{cpu}) - E_{amp}\dfrac{R^2}{2\pi} + E_{amp}\dfrac{NR^2}{2\pi N_c} + N_c(3E_{elec} + E_{cpu})]$$

如果位于同一个分簇角的各个簇头间距离满足最优单跳距离时，即 $d_{1hop} = d_{opt}$，结合式（6.7）和式（6.11），得到总能耗 P_a 为分簇角 θ 的函数关系 $P_a = f(\theta)$。对 P_a 求自变量 θ 的导数并令其等于 0，则得到最优分簇角 θ_{opt} 为：

$$\theta_{opt} = \frac{1}{d_{opt}} \sqrt{\frac{8\pi^3(3E_{elec} + E_{cpu})}{NE_{amp}}} = \sqrt{\frac{8\pi^3(3E_{elec} + E_{cpu})}{N(2E_{elec} + E_{cpu})}} \quad (6.18)$$

由式（6.17）可知，最优分簇角由节点的电磁参数和节点数目决定，而与网络拓扑无关。

设网络环境大小相同，节点数目分别为 500、1 000、200 个节点，参数 $\gamma = 2$，$E_{amp} = 0.659$ nJ/bit/m^2，$E_{cpu} = 7$ nJ/bit，$E_{elec} = 50$ nJ/bit，由式（6.18）计算得到相应的最优分簇角如表 6.3 所示。假设每一个节点完成一次数据转发任务，网络总能耗随分簇角变化关系如图6.4所示。当节点数目 N 为 1 000 时，参数 E_{elec} 取值分别为 50 nJ/bit，60 nJ/bit、70 nJ/bit，其他电磁参数不变，网络总能耗随分簇角变化关系如图6.5所示。

表 6.3 不同节点数目的最优分簇角

N	500	1 000	200
θ_{opt}（Rad）	0.853	0.603	1.349

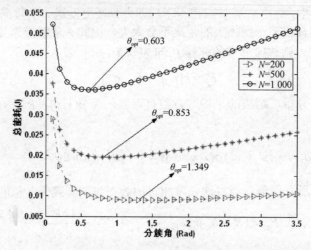

图 6.4 不同节点数目对应的总能耗与分簇角关系

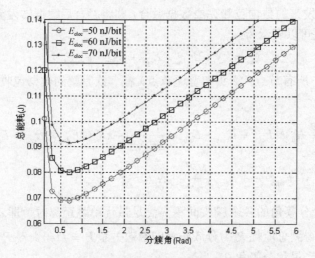

图 6.5 不同 E_{elec} 取值所对应的总能耗与分簇角关系

图 6.4 和图 6.5 都表明总能耗在分簇角满足 $\theta = \theta_{opt}$ 时最低。现对式（6.18）直接求取二阶导数，得到：

$$\frac{\mathrm{d}^2 p_a}{\mathrm{d}\theta^2} = \frac{1}{\theta^3}\frac{4\pi R^2}{d_{opt}}(3E_{elec} + E_{cpu}) \qquad （6.19）$$

由式（6.19）可知，总能耗的增量与分簇角的 3 次方成反比关系，而且能耗在 $\theta = \theta_{opt}$ 时最低，而当 $\theta > \theta_{opt}$，能耗并不会随分簇角增加而急剧增加；相反，分簇角越小，总能耗增量越大。因此，如果需要降低总能耗，一方面尽可能使分簇角接近最优值，如果无法满足等于最优值，应当使分簇角满足 $\theta > \theta_{opt}$。

6.4.3 簇头连续工作次数优化

在很多分簇算法中，簇头频繁更换，导致新簇头建立时需要发送和接收较多的广播消息，从而带来了额外的能耗，降低了能量效率。如果簇头连续担任本地控制中心，将能有效降低簇头更换频率。然而，如果簇头一直担任控制中心直至其能量耗尽，其能量消耗速度急剧增加，这势必缩短其生存时间，进一步影响网络寿命。如果能够计算簇头连续担任本地控制中心的最优次数，不仅会有效降低簇头更换频率和网络的广播能耗，还能有效提高网络能量效率和网络寿命。

在一个确定分布的网络中，节点根据最优单跳距离和最优分簇角被分成多个簇，即有 $d_{1hop} = d_{opt}$，$\theta = \theta_{opt}$。在图 6.1 中，当节点分布密度为 ρ，则位于子区域 V_m（簇 C_m）的节点数目可以表示为：

$$n_m = \frac{\rho\theta_{opt}}{2}(2m-1)d_{opt}^2 \qquad （6.20）$$

设 d_0 为下层簇头到上层簇头或基站的平均距离，d_1 为簇头与其成员的平均距离，有

$$m = ceil\left(\frac{R}{d_{opt}}\right) \approx ceil\left(\frac{R}{d_0}\right) \approx \frac{R}{d_0}。$$

设 f_i^h，f_i^g 分别为节点 i 在失效时担任簇头和作为普通节点的次数。当所有节点存活时，每一轮中，簇头和普通节点的能耗可表示为：

$$\begin{cases} P_h = (n_m - 1)P_R(k) + [P_{cpu}(k) + P_T(k, d_0)] \\ P_g = P_{cpu}(k) + P_T(k, d_1) \end{cases} \qquad （6.21）$$

在每一个簇中，如果感知数据和广播报文长度相等，则在第一节点死亡时，其理想的能耗公式为：

$$\begin{cases} E_{init} \approx f_1^h \times P_h + f_1^g \times P_g \\ E_{init} \approx f_2^h \times P_h + f_2^g \times P_g \\ \quad\vdots \\ E_{init} \approx f_n^h \times P_h + f_n^g \times P_g \end{cases} \qquad （6.22）$$

由式（6.22）可知，簇 C_m 的寿命为 $\sum_{i=1}^{n} f_i^h$。显然，如果参数 f_i^h 能够控制，则簇的寿命能

够最大化。然而，由于各个参数不是独立存在，因此很难实现各参数的独立控制。现假设簇中有两个节点，如图 6.6 所示。

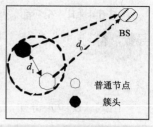

设节点物理参数为 $E_{\text{elec}} = 50 \text{ nJ/bit}$ ，$E_{\text{cpu}} = 7 \text{ nJ/bit}$ ，$E_{\text{amp}} = 10 \text{ pJ/bit/m}^2$ ，$d_0 = 30 \text{ m}$ ，$d_1 = 10 \text{ m}$ ，$E_{\text{init}} = 0.5 \text{ J}$ ，$k = 2\,000 \text{ bit}$ 。节点担任簇头和普通节点的次数 f_i^h 和 f_i^g 的关系如图 6.7 所示。

图 6.6 分布两节点的簇结构

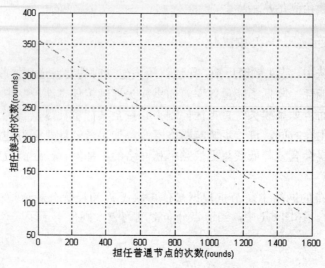

图 6.7 节点参数 f_i^h 和 f_i^g 的关系

由图 6.7 可知，节点担任簇头的次数与担任普通节点的次数成反比关系。如果图 6.6 中的节点按顺序担任簇头，则 f_1^h 和 f_2^h 可以表示为：

$$\begin{cases} f_1^h = \dfrac{E_{\text{init}} - f_1^g \times P_g}{P_h} \\[3mm] f_2^h = \dfrac{E_{\text{init}} - f_2^g \times P_g}{P_h} \end{cases} \tag{6.23}$$

由于两个节点性能参数相同，必有 $f_1^g = f_2^h, f_1^h = f_2^g$ ，则该簇的寿命可以表示为：

$$\sum_{i=1}^{2} f_i^h = \frac{E_{\text{init}} - f_1^g \times P_g}{P_h} + \frac{E_{\text{init}} - f_2^g \times P_g}{P_h} = \frac{2E_{\text{init}}}{P_h + P_g} \tag{6.24}$$

由式（6.24）可以算出每个节点平均担任簇头的次数为 $\dfrac{E_{\text{init}}}{P_h + P_g}$ 。当簇 C_m 中每个普通节点顺序担当一次簇头，其总能耗可以表示为：

$$\begin{aligned} E_m &\approx n_m[(n_m - 1)(E_{\text{elec}} + E_{\text{cpu}} + E_{\text{amp}}d_1^2) + (n_m - 1)(E_{\text{elec}} + E_{\text{cpu}}) + E_{\text{elec}} + E_{\text{cpu}} + E_{\text{amp}}d_0^2]k \\ &= n_m\{(2n_m - 1)(E_{\text{elec}} + E_{\text{cpu}}) + E_{\text{amp}}[d_0^2 + (n_m - 1)d_1^2]\}k \end{aligned} \tag{6.25}$$

簇头的工作次数对应于该簇的生存时间，因此簇 C_m 的生存时间 T_m 可以表示为：

$$T_m \approx n_m \times \frac{n_m \times E_{\text{init}}}{E_m} = \frac{n_m \times E_{\text{init}}}{\{(2n_m-1)(E_{\text{elec}}+E_{\text{cpu}})+E_{\text{amp}}[d_0^2+(n_m-1)d_1^2]\}k}$$

$$\approx \frac{E_{\text{init}}}{\left\{\left(2-\dfrac{1}{n_m}\right)(E_{\text{elec}}+E_{\text{cpu}})+E_{\text{amp}}\left[\dfrac{1}{n_m}d_0^2+\left(1-\dfrac{1}{n_m}\right)d_1^2\right]\right\}k} \tag{6.26}$$

为平衡簇内节点能量消耗，各个普通节点担当簇头的次数应当尽可能相等，由式（6.20）和式（6.26）可得节点平均担任簇头的次数 f_a 为：

$$f_a \approx T/n_m = \frac{E_{\text{init}}}{\{(2n_m-1)(E_{\text{elec}}+E_{\text{cpu}})+E_{\text{amp}}[d_0^2+(n_m-1)d_1^2]\}k} \tag{6.27}$$

其中，E_{init} 为节点初始能量。如果每个节点在担任簇头时采用连任的机制，即该簇头直到其能量耗尽时才被候选簇头替代，显然，这种工作机制将最大限度降低簇头更换频率，减少用于新簇头建立时所需的广播能耗，该簇头最大连续工作次数 $f_{\max}$ 可以表示为：

$$f_{\max} \approx \frac{E_{\text{init}}}{[n_m(E_{\text{elec}}+E_{\text{cpu}})+E_{\text{amp}} \times d_0^2] \times k} \tag{6.28}$$

当 $n_m > 1$ 时，由式（6.27）和式（6.28）可知，$f_{\max} > f_a$，如果节点连续担任簇头的次数达到 $f_{\max}$，该节点的能量即将或已经耗尽，按照 6.2 节中定义网络寿命可知，第一个死亡簇头时间即为网络寿命。显然，当第一个节点（作为簇头）死亡时，其他节点还具有较多的剩余能量。因此，如果采用节点连续担任工作次数为 $f_{\max}$，不能实现网络能量高效和网络寿命最大化。在式（6.27）中，节点连续担任簇头的平均次数为 f_a，即使最后担任簇头的节点的连续工作次数没有达到 f_a，在同一个簇中，不太可能出现其节点死亡，因此该簇的生产时间可以看成每个节点连续担任簇头的时间总和 T_m。显然，如果节点作为簇头连续工作次数 f 大于 f_a，则可能出现部分节点还没有担当簇头而部分节点即将或者已经死亡，这显然不利于节点能耗平衡；当然，如果节点连续工作次数 f 小于 f_a，能确保所有节点在第一个轮回都能完成簇头所规定的任务，但最后一个节点担任簇头后，各个节点依然会具有较多剩余能量，则需要重新分配簇头工作次数。显然，这种情况尽管是降低了簇头更换频率，但其降低程度不如当节点连续担任簇头的次数为 f_a，因此，簇头连续担任本地控制中心即簇头的最优工作次数 f_{opt} 应当满足：

$$f_{\text{opt}} \approx f_a = \frac{E_{\text{init}}}{\{(2n_m-1)(E_{\text{elec}}+E_{\text{cpu}})+E_{\text{amp}}[d_0^2+(n_m-1)d_1^2]\}k} \tag{6.29}$$

令 ξ 为 T_m 与 $f_{\max}$ 的比值，即：

$$\xi = \frac{T_m}{f_{\max}} = \frac{n_m(E_{\text{elec}}+E_{\text{cpu}})+E_{\text{amp}} \times d_0^2}{\left(2-\dfrac{1}{n_m}\right)(E_{\text{elec}}+E_{\text{cpu}})+E_{\text{amp}}\left[\dfrac{1}{n_m}d_0^2+\left(1-\dfrac{1}{n_m}\right)d_1^2\right]} \tag{6.30}$$

由式（6.30）可知，当 $n_m \gg 1$，式（6.30）可近似表示为：

$$\xi \approx \frac{n_m(E_{\text{elec}}+E_{\text{cpu}})+E_{\text{amp}} \times d_0^2}{2(E_{\text{elec}}+E_{\text{cpu}})+E_{\text{amp}} \times d_1^2} \approx \frac{n_m}{2} \tag{6.31}$$

设 $E_{\text{elec}} = 50 \text{ nJ/bit}$，$E_{\text{cpu}} = 7 \text{ nJ/bit}$，$E_{\text{amp}} = 0.659 \text{ nJ/bit/m}^2$，$d_1 = 10 \text{ m}$，$d_0 = 15 \text{ m}$。$T_m$ 与 $f_{\max}$

的比值 ξ 随着簇 C_m 中节点数目改变情况如图 6.8 所示。

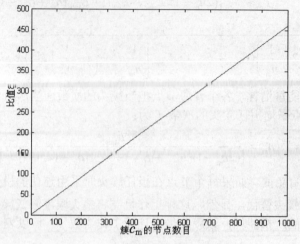

图 6.8　比值 ξ 随节点数目的改变情况

　　由式（6.31）和图 6.8 可以看出，比值 ξ 随着节点数目的增加而增加，当节点数目 $n_m \gg 1$，簇头采用连续工作次数为 $f = f_{opt}$ 时的网络寿命将远大于 $f = f_{max}$ 的情况。在实际应用中，由于节点分布位置不同，导致节点到其簇头的距离不同，因此当各个节点担任簇头的次数到达最优值时，多数节点还有较多的剩余能量，此时，只需用剩余能量替代式（6.29）中的 E_{init}，并重新计算新的最优工作次数，直到最优工作次数满足 $f_{opt} \approx 1$，采用距离上层簇头或基站最近的有效节点担任簇头，或者使剩余能量最多的节点担任簇头，从而完成最后阶段的簇内节点数据收发任务，这既最大化了网络寿命，同时又延长了网络覆盖和连通的时间。

　　设 20 个节点分布在同一个簇中，$E_{init} = 0.57\,\text{J}$，$E_{amp} = 0.659\,\text{nJ/bit/m}^2$，$E_{elec} = 50\,\text{nJ/bit}$，$E_{cpu} = 7\,\text{nJ/bit}$，$k = 1\,000\,\text{bit}$。令节点连续担任簇头的工作次数 f 分别为：$f = f_{opt}$，$f = f_{max}$，$f = 0.5 f_{opt}$。各个节点连续担任簇头的总次数仿真结果如图 6.9 所示。

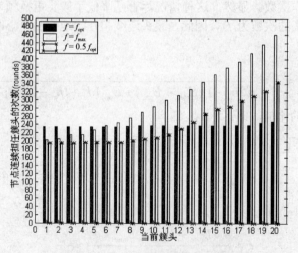

图 6.9　各节点连续担任簇头的总次数

图 6.9 中，各节点连续担任簇头的工作次数按照升序排列。按照网络寿命的定义，同时当 $f \leqslant f_{\text{opt}}$ 时，该簇的寿命可近似为 $n \times \min(f_i)$，$i = 1, 2, \cdots, 20$。当节点连续担任簇头的次数为 $f = f_{\max}$ 时，第一个担任簇头的节点其能耗急剧增加，并首先失效，因此簇的寿命近似为 f_1。当节点的连续担任簇头的次数接近或等于最优值时，将有效降低簇头更新频率和用于建立新簇头的广播能耗，从而提高簇内数据收发能量效率并显著延长簇的寿命。

6.5 分簇算法的实现

本文所提出的分簇算法，簇头采用轮回和 TDMA 机制实现接收其成员的数据包，并将分析和处理后的数据以多跳通信方式发送到上层簇头或基站。

为描述方便，设所有的节点均匀分布在半径 $R = 60\,\text{m}$ 的扇形区域，基站坐标为（0，0）。根据节点的物理特性和总的节点数目，利用式（6.7）和式（6.18），计算得到最优单跳距离 d_{opt} 和最大分簇角 θ_{opt}，并由此将所有节点分成大小不同的静态簇。

在簇的构建阶段，首先由基站（BS）发送广播消息，包括基站坐标和其标识符（ID）。为满足条件 $d_{\text{1hop}} \geqslant d_{\text{opt}}$，如距离基站最近的簇 C_1 位于第一层中和第二层交界处的节点将由基站确定为该簇的第一个簇头。普通节点根据所收到的基站广播消息，将自己的坐标和 ID 号反馈给基站，并根据自己的坐标信息决定加入哪个簇，限制条件如下：

$$
\begin{cases}
S = fix\left(\dfrac{2\pi}{\theta}\right), \quad L = fix\left(\dfrac{d_{\text{tot}}}{d_{\text{1hop}}}\right) \\[2mm]
n_i \in C_j, \quad \text{if } \{[\text{mod}(j, S) - 1] \times \theta < \text{arctg}\left(\dfrac{y_i}{x_i}\right) \leqslant \theta \times \text{mod}(j, S)) \quad \text{and} \\[2mm]
fix(j / L) \times d_{\text{1hop}} < \sqrt{x_i^2 + y_i^2} \leqslant [fix(j / L) + 1] \times d_{\text{1hop}}\} \\[2mm]
n_i \notin C_j, \quad \text{others} \\[2mm]
j = 1, 2, \cdots, S \times L
\end{cases}
\tag{6.32}
$$

其中，函数 $fix(A)$ 为一个返回小于或等于 A 的一个整数，函数 $\text{mod}(j, S)$ 返回 j / S 的模数。当距离基站最近的簇与其成员构造成功后，这些簇的簇头采用与基站相同的方式发送广播消息。其作用有两个：第一，告知其成员自己的位置信息与 ID；第二，为下层的节点提供簇构造的基本信息。采用这种后向的机制，所有节点根据自己的位置信息和物理参数能够快速完成簇的构造。

设网络包含 500 个物理参数相同的节点，分布在一个圆形区域，$R = d_{\text{tot}} = 64\,\text{m}$。节点参数分别为：$E_{\text{elec}} = 50\,\text{nJ/bit}$，$E_{\text{cpu}} = 7\,\text{nJ/bit}$，$E_{\text{amp}} = 0.659\,\text{nJ/bit/m}^2$。由式（6.7）和式（6.18）计算得到：$d_{\text{opt}} = 12.73\,\text{m}$，$\theta_{\text{opt}} = 48.9°$。为满足限制条件 $d_{\text{opt}} \leqslant d_{\text{1hop}} < d_{\text{tot}}$ 和 $\theta \geqslant \theta_{\text{opt}}$，同时，尽可能使相同层的簇节点数目相等，令 $S = 6$，$L = 5$，则总的簇数目为 $S \times L = 30$。各簇及其成员分布情况如图 6.10 所示。

图 6.10 中，尽管位于同一个扇区的簇头并不是处于一条直线上，但簇头与簇头间的通信距离满足 $d_{\text{opt}} \leqslant d_{\text{1hop}} < d_{\text{tot}}$，这样将确保簇间数据转发时能耗较低。当簇及其成员构建完毕之

后，网络进入数据收发的稳定阶段，簇头与其成员采用 TDMA 机制以轮回的方式进行数据收发。各个节点在分配的时隙中完成数据采集、分析和转发到相应的簇头。由于采用多跳机制，位于相同分簇角的下层簇头将被视为上层簇的一个普通节点，因此下层簇头参与上层簇的时隙分配。

设一个轮回周期为 T，则位于相同分簇的各个簇的有效时间段可分配为：$0 \sim \dfrac{T}{L}$，$\dfrac{T}{L} \sim \dfrac{2T}{L}, \cdots, \dfrac{(L-1)T}{L} \sim T$。设位于相同分簇角的簇的节点数目分别为：$n_1, n_2, \cdots, n_{L-1}, n_L$，则每个节点分配的最小有效时隙为：$\dfrac{T}{L \times (n_1+1)}, \dfrac{T}{L \times (n_2+1)}, \cdots, \dfrac{T}{L \times (n_{L-1}+1)}, \dfrac{T}{L \times n_L}$。

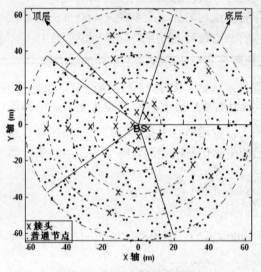

图 6.10　簇及其成员分布情况

当所有节点的时隙分配后，各个节点采用休眠与活动切换的机制，即除了在规定的时隙时工作，其他时间关闭射频模块以降低能耗。图 6.11 为簇头与其成员和下层簇头的数据收发基本流程。

图 6.11（a）为簇头数据收发流程，图 6.11（b）为普通节点的数据处理和转发流程。每个簇的第一个簇头在刚建立时，需要向全网发送广播消息，收到该广播消息的普通节点根据式（6.32）分析计算得到自己所归属的簇，并向所属簇的簇头反馈消息。当簇头收到节点的反馈消息后，分析其成员的位置信息，计算自身连续担任簇头的最优值，根据成员的位置信息确定候选簇头，最后根据 TDMA 机制为其成员和位于同扇区的下层簇头分配工作时隙。各个成员在收到簇头所分配的工作时隙和候选簇头信息，进入稳定的工作阶段，即在分配的时隙中向簇头发送其感知数据，而在非工作时隙段，关闭射频模块或进入睡眠状态以降低能耗；同时，各个普通节点需要记录其工作次数也即当前簇头的工作次数，分析簇头是否更换。作为候选簇头的节点在当前簇头工作次数到达最优值时，将在下一个轮回替换当前簇头称为新的簇头，并以广播消息通知成员和位于同扇区的下层簇头。

在图 6.11（a）中，位于同扇区的下层簇头在转发其融合数据时，被当前层簇头视为其成员。如果下层簇头的融合数据不参与本层簇的数据融合，则由该层簇的簇头直接将其转发给上层簇头或基站；反之，将下层簇头的融合数据纳入本簇的数据融合过程中。

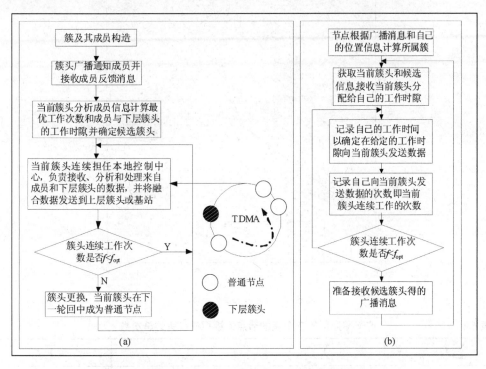

图 6.11　簇头与其成员和位于同扇区下层簇头的数据收发流程

6.6　分簇算法性能的仿真与分析

为评估所提出的算法性能，首先在 MATLAB 环境中采用 300 个随机分布的节点进行仿真测试。节点分布区域为半径 $R = 60$ m 的圆形区域，节点初始能量为 0.5 J，数据包长度为 1 000bit，广播消息长度为 200bit，$\gamma = 2$，$E_{amp} = 0.659\,\text{nJ/m}^2/\text{bit}$，$E_{cpu} = 7\,\text{nJ/bit}$，$E_{elec} = 50\,\text{nJ/bit}$，基站的坐标为（0, 10）。由表 6.1 计算结果可知，最优单跳距离 $d_{opt} = 12.73$ m。$m = R / d_{opt}$，得到 $4 < m < 5$，令 $m = 4$，则 $d_{1hop} = R / 4 = 15\,\text{m} > d_{opt}$。节点分布密度计算得到为 $\rho = 0.026\,5\ \text{nodes/m}^2$。由式（6.18）计算得到最优分簇角为 $\theta_{opt} = 69.5°$。为使处于同层的簇节点数目接近，令 $\theta = 72°$，则 $L = 4$，$S = 5$，所有节点被分成 20 个静态的簇。各簇及其成员分布情况如图 6.12 所示。簇 C_1、C_2、C_3 和 C_4 中各个节点连续担任簇头的总次数如表 6.4 所示。

由表 6.4 可知，$\sum f_{c_1} > \sum f_{c_2} > \sum f_{c_3} > \sum f_{c_4}$。由于所提出的分簇模型使距离基站较近的簇其成员数目明显少于距离基站远的簇，而远离基站节点分布较广，使成员与其簇头通信时能耗较大，因此最先死亡节点多数情况位于远离基站的簇中，同时分簇模型也确保了最后死亡节点应当位于距离基站最近且成员数目最少的簇，这也确保了距离基站较远的簇头数据能够经过距离基站较近的簇头转发到基站，避免数据包丢失，最大可能延长区域连通时间。表 6.5 为本算法与 LEACH 和 HEED 算法在整个运行过程中广播能耗对比情况。

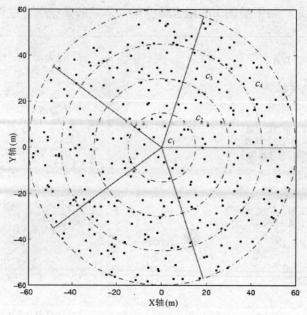

图 6.12　簇及其成员分布情况

表 6.4　　　　　　　　位于同扇区的各个簇的节点连续担任簇头的总次数

$\sum f_{c_1}$	$\sum f_{c_2}$	$\sum f_{c_3}$	$\sum f_{c_4}$
3 395	3 105	2 767	2 491

表 6.5　　　　　　　　不同算法的广播能耗对比情况

LEACH	HEED	Optimum Parameters
59.379 1 J	23.78 J	14.55 J

　　表 6.5 表明所提算法采用簇头连续工作机制减少了簇头更换频率，降低了用于建立新簇头的广播能耗，网络运行中总的广播能耗较 LEACH 和 HEED 算法显著降低。图 6.13 是本章所提算法与 LEACH 和 HEED 算法对于网络寿命的比较结果。

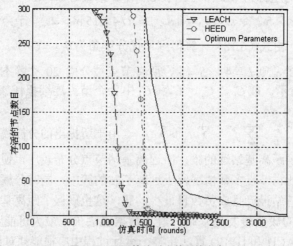

图 6.13　不同算法对应的网络寿命

图 6.13 可以看出，采样参数优化的分簇算法第一死亡节点的时间比 LEACH 和 HEED 算法明显延长。采用参数优化的分簇算法，从第一个死亡节点开始，远离基站的各簇成员都已承担过簇头任务，此时节点所剩余的能量已经较少，因此在后续的过程中节点死亡速度明显加快。仿真时间在 1 500～2 000 这段区间时，由于采用优化参数的分簇算法，大部分远离基站的节点进入死亡状态，而在其后的一段时间，由于分簇模型使距离基站近的各簇成员数目较少，数据通信量相对少很多，能量消耗速度较慢，因此死亡速度明显降低。从网络寿命的定义，本文所提的分簇算法明显提高了能量效率并延长了网络寿命。现调整参数 L 和 S，即修改单跳距离和分簇角，网络寿命情况如图 6.14 所示。

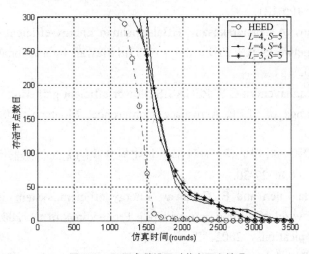

图 6.14　不同参数设置时节点死亡情况

从图 6.14 可以看出，由于 L 和 S 的取值所对应的单跳距离和分簇角分别与其最优值偏差较大，导致其能耗较单跳距离和分簇角取最优值时消耗较快，因此网络寿命有所降低，但依然比 HEED 算法有所提高。对比结果同时也说明当单跳距离或分簇角较大时，由于总节点数目一定，则靠近基站的簇的成员相对增加，而最远的簇成员相对减小，因此从第一个死亡节点开始，当参数取值分别 $L=3$，$S=4$ 和 $L=4$，$S=4$ 时，节点死亡速度较参数以最优取值时较慢，而在最后阶段，节点死亡速度反而较快，原因是最后死亡节点一定位于离基站最近的簇中，而这些簇中节点数目比最优取值时多，能量消耗较参数取最优值要快。从对比结果可以看出，参数越接近最优值时，网络寿命越长。

6.7　本章小结

本章针对无线传感器网络拓扑控制提出了一种静态分簇算法。通过优化单跳距离和分簇角，将所有节点划分到规模能控制的簇中，并分析得到簇间通信能耗的增量分别与单跳距离 d_{1hop} 和分簇角 θ 的 3 次方成反比关系，并给出了单跳距离和分簇的选取条件：$d_{opt} \leqslant d_{1hop} < d_{tot}$ 与 $\theta \geqslant \theta_{opt}$。通过限制条件控制单跳距离和分簇角，将有利于降低簇间数据收发能耗。此外，提出了簇头的更换机制，即当前簇头连续担当本地控制中心直至其工作次数到达最优值才被候选簇头替代，有效降低了簇头更换频率，节省了用于建立新簇头所需的广播能耗。通过该分簇算法，有效降低了簇间和簇内通信能耗，仿真结果表明，该算法能有效降低网络通信能

耗，延长网络寿命。

参考文献

[1] Q Xue，A Ganz. Maximizing sensor network lifetime：Analysis and design guides [C]. Proceedings of the 2004 Military Communications Conference，2004，2：1144-1150.

[2] Santi P. Silence is golden with high probability：Maintaining a connected backbone in wireless sensor networks [C]. Proceedings of the 1st European Workshop on Wireless Sensor Networks，2004，1：106-121.

[3] W Heinzelman，A Chandrakasan，HBalakrishnan Energy-efficient routing protocols for wireless microsensor networks [C]. Proceedings of 33rd Hawaii International Conference System Sciences，2000：1-10.

[4] Lindsey S，Raghavendra C S. PEGASIS: Power efficient gathering in sensor information systems [C]. Proceedings of IEEE Aerospace Conference. Montana，USA: IEEE Computer Society，2002：23-29.

[5] 李成法，陈贵海，叶懋，等. 一种基于非均匀分簇的无线传感器网络路由协议[J]. 计算机学报，2007，30（8）：27-30.

[6] B. O. Priscilla Chen and E. Callaway. Energy efficient system design with optimum transmission range for wireless ad-hoc networks [C]. Proceedings of the 2002 IEEE International Conference on Communications，2002，2：945-952.

[7] Z Shelby，C Pomalaza-raez，H Karvonen. Energy optimization in multihop wireless embedded and sensor networks [J]. International Journal of Wireless Information Networks，2005，12（1）：11-20.

第 3 篇

无线传感器网络数据管理

第 7 章　无线传感器网络节点数据管理

7.1　节点数据管理的基本概念

无线传感器网络是以数据为中心，以应用为目的的网络。由于节点资源受限，导致无线传感器网络数据管理技术与传统的数据库管理技术存在较大的区别，主要表现在无线传感器网络的数据管理需要考虑最小化节点能耗和最大化网络寿命，而传统数据管理中不需要考虑这些问题；无线传感器网络节点数量多且节点数据量大，节点存储空间、通信距离有限，无法采用传统的数据库技术实现其数据管理；无线传感器网络节点感知数据多数具有测量误差，其数据管理需具备感知数据分析和处理的功能，为用户提供有效、可靠的感知数据。目前，无线传感器网络的数据管理技术主要集中在感知数据的存储、索引和查询处理，如：基于地理散列表的数据存储方法，采用层次式查询的层次索引 DIMENSIONS[1]算法，支持多维区域查询的索引结构 DIM[2]，加利福尼亚大学伯克力分校研究开发的 TinyDB[3-7]系统，康奈尔大学研究开发的 Cougar[8-11]系统等。

为充分、有效、可靠地利用无线传感器网络从观测区域或观测对象所获取的信息，需对无线传感器网络数量庞大的节点所产生的数据进行有序、高效的管理，这也是无线传感器网络数据管理技术必须关注和解决的问题。现有数据管理技术的总体目标是将网络上数据的逻辑视图与网络的物理关系分离开来，使查询终端或用户只关心得到观测对象的数据，而不用考虑所需数据如何获取、如何到达查询端。这对于查询用户来说是必要的，也是无线传感器网络数据管理技术应当具备的功能之一。然而，这一功能的实现却面临诸多困难。首先，如果使数据管理完全脱离网络物理结构和传感器节点特性，网络必须实现对终端查询任务进行何去何从的准确、恰当规划，而且需要网络具有健壮的容错处理功能，否则一旦查询过程出现问题，带来的不仅是查询任务的失败，而且会导致大量的能量损失。其次，如果忽略网络物理结构或节点物理特性，在终端频繁、动态查询或接收监测对象的数据过程中，很难实现均衡网络节点能耗和最大化网络寿命。最后，在终端查询任务的数据反馈过程中，如果所涉及的节点不对数据进行有效性分析，而是直接将所有数据原封不动地转发给查询者，显然，如果转发数据本身就是无效的，不仅会带来查询任务的失败、查询效率的下降，而且会带来信道竞争风险和网络能耗的增加。因此，一个能量高效的无线传感器网络的数据管理一方面要考虑用户使用的快捷、方便；另一方面，还需要考虑网络构建的可行性、有效性和高效性，而这正是需要考虑网络的拓扑结构和传感器节点的物理特性，只有二者的有机结合，才能达到预期的目标。

从另外一方面考虑，无线传感器网络的每一个节点都是一个独立的计算、控制单元或者说是一个微型的计算系统，能够实现自身或其他节点的数据管理，并可以根据网络拓扑结构或者是任务需求动态调整自身行为，包括数据感知、分析、收发以及自身状态的控制（活动与休眠）。目前在无线传感器网络中广泛应用的分簇算法，将众多的节点分成不同的簇，簇头实现对本簇成员数据的收发和分析。对于来自终端用户或其他簇头的数据查询任务，簇头完成相关成员数据的查询并在簇内完成数据分析和处理，最后将融合数据以单跳或多跳的方式回传到相应的查询者，并对成员行为进行控制。因此，就每个簇而言，它可以看成是一个相对较小的计算系统，簇头实现对本簇的数据管理。同理，基站或汇聚节点实现对所有簇的任务分配和数据管理。对于整个网络来说，它可以被看成是一个大型的计算系统。因此，无线传感器网络的数据管理可以看成两部分：一部分是网络上数据的逻辑视图，它与网络的拓扑、节点特性分离开来，目前这部分已经出现了较多的研究成果；另外一部分是与网络的拓扑、节点感知数据的特性相关，即节点数据管理问题。对于资源有限的无线传感器网络，节点数据管理依然需要重点考虑网络能耗问题。为此，无线传感器网络节点数据管理的技术及其相关理论主要表现为下面几个方面。

① 由于无线传感器网络及其节点的特性，因此可以将无线传感器网络的数据管理和节点数据管理视为整体和局部的关系。节点数据管理是无线传感器网络数据管理的重要组成部分，它与节点物理特性、网络拓扑结构密切相关，研究内容涉及多个方面，研究成果将有助于改善无线传感器网络数据管理的性能，进而有助于提高全网络多个性能指标。

② 无线传感器网络节点数据管理强调拓扑管理的重要性。针对随机部署的无线传感器网络节点，在满足无线传感器网络覆盖度和连通度的前提下，尽可能减少节点数据收发量和降低网络能耗是无线传感器网络节点数据管理应当首先考虑的内容，而良好的网络拓扑管理技术是实现这一目标的关键之处，并且有助于准确、快速和高效地实施节点数据的查询或信息发布。

③ 无线传感器网络节点数据管理技术强调了传感器节点的自主性，即节点自主地分析、处理感知数据。其内容包括两部分：第一是节点分析和处理自己的感知数据，第二是分析、处理其他节点的感知数据。由于节点的自身特性，在节点数据管理过程中，节点可以完成如下功能：首先，节点可以利用数学算法分析自身或来自其他节点感知数据的有效性，避免在查询过程中出现盲目转发无效数据，提高查询的能量效率；其次，通过节点对感知数据的分析、处理以及节点合理的调度控制，避免网络中出现大量的冗余数据或者是出现多个感知数据源同时向某个基站或簇头发送数据而造成严重的信道拥塞，从而提高信道利用率；最后，节点分析终端查询任务的特征，合理有序地安排信息反馈，降低无用消息发送和信息重发的概率，将显著提高网络的能量效率。

④ 节点数据管理技术利用节点自身具有计算、分析和存储的能力，可以针对终端查询任务不同的实时性和精度要求，将查询任务分为确定性查询或近似查询两种。前者是一种精确查询，即必须将查询任务发送到指定区域的节点并收集相关节点的真实感知数据；后者指查询过程中某些节点根据被查询节点的历史感知数据在时间上的关联性，利用合理的数学算法分析这些时序数据的特征，在满足查询精度的要求下，预测出这些节点未来部分时段的感知数据，从而减少网络中数据收发量，降低通信能耗，延长网络寿命，从而提高数据管理的性能。

⑤ 由于各个传感器节点感知精度存在偏差，环境干扰也不尽相同，同类型多个传感器对同一对象的感知数据也存在差异，如何从这些感知数据中提取有效数据反馈给查询终端对查询任务非常重要。节点数据管理技术可以利用节点自主的计算、分析能力实现对多个数据的分析、融合，最终提交给查询者一个满足精度要求的查询数据，避免了查询过程无果而返，从而提高无线传感器网络数据管理的效率。

7.2 节点数据管理特点

大量研究者针对无线传感器网络提出了分级的拓扑结构，进而设计了相应的控制算法和协议。分级结构的网络被分为多个簇（Cluster），每个簇由一个簇头（Cluster Head）和多个普通节点（General Node）组成，如图 7.1 所示。在分级结构中，簇头和普通节点通常在物理结构上完全一样，而在网络运行中承担不同的功能，并且簇头和普通节点的身份可以动态变化，簇头节点负责簇间数据的收集、转发、协调和管理，使簇内各节点合理工作。簇头可以预先指定，也可以由节点使用分簇算法自动选举产生。分级的拓扑结构的优点是可扩展性好，网络规模不受限制，可以通过增加簇的个数或级数来提高网络的容量；此外，簇内节点通信开销相对较小，管理方便，同时易于实现数据融合[12]。

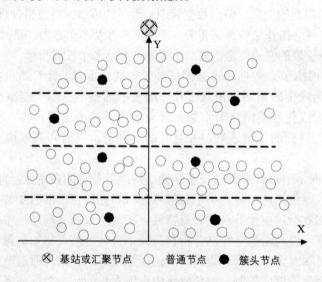

图 7.1 分簇结构示意图

⊗ 基站或汇聚节点 ○ 普通节点 ● 簇头节点

在无线传感器网络中，汇聚节点或基站属于其组成部分，然而它们通常有持续的供电设备、大容量的存储空间和高速的处理能力，尽管它们有大量来自用户的查询任务或监测区域的各个簇头发来的数据，但其数据分析和处理都比较容易实现。而作为无线传感器网络的数据分析和处理的关键之处在于普通节点和簇头数据分析和处理。

无线传感器网络的节点功能相同或相似，都具有独立、完整的运算和存储功能。就节点本身来说，它是一个小型的、独立的计算系统，能够实现自身的数据分析、处理和自身行为控制；而节点无论进行数据分析、处理、转发还是行为控制，其行为源于自身感知数据，目的是实现自身感知数据的管理，即节点数据管理。在潜在或已有无线传感器网络应用中，节点多数属于随机部署，存在一些孤立的节点是很难避免的。查询这些节点的数据或者这些节点转发数据时，没有邻居节点的协同工作，那么这些节点可能会过早死亡，显然过早死亡的节点会造成某些子区域与整个网络的割裂。同样，网络中某些节点可能位于某几个子区域的交界处，如果不合理控制这些节点数据转发行为，这些节点可能将其感知数据同时转发给相邻的多个簇头，或者是被多个簇头查询其感知数据，进而造成不必要的数据处理任务以及能量消耗。因此，节点数据管理不仅包括数据查询、存储、分析、融合以及节点行为控制，还应当考虑节点拓扑规划。在传感器网络运行中，从节点数据管理的特点着手设计相应的协议、算法，将有效提高网络的健壮性。无线传感器网络数据管理与节点数据管理的关系如图 7.2 所示。

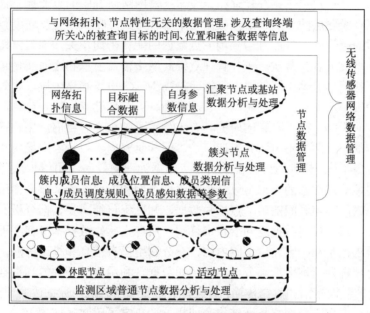

图 7.2　无线传感器网络数据管理与节点数据管理的关系

在图 7.2 中，终端用户根据需要选择某种查询方式实现对某一子区域被测对象的数据查询，这种数据管理与网络拓扑、节点物理特性无关。然而，在查询任务的实施过程中，需要由基站或汇聚节点、簇头和被查询区域节点协同完成，如图 7.2 中的普通节点需要根据查询任务实现数据的感知、分析和处理，并将处理后的感知数据发送到对应的簇头；簇头完成成员感知数据数据的分析、融合后，根据拓扑控制信息将融合数据反馈到汇聚节点或基站，并根据节点感知数据的特性实施被查询区域节点的行为控制；基站或簇头将簇头反馈的数据转发到查询终端。因此，无线传感器网络的数据管理可以看成两部分：一部分是网络上数据的逻辑视图，它与网络的拓扑、节点特性分离开来；另一部分是节点数据管理，它与网络的拓扑结构、节点感知数据的特性密切相关。

7.3　能量高效的节点数据管理

现有的多数研究将数据管理归属到应用层与网络层之间，而无线传感器网络数据管理包括了感知数据存储、存取、查询、分析和处理。从图 7.2 可以看出，节点的数据管理包括簇头和普通节点数据分析、处理、拓扑管理、节点行为控制。因此，WSN 节点数据管理不适合局限于某一固定层，这决定了节点数据管理应当考虑节点拓扑的规划与控制；其次，针对用户查询某一指定区域或对象相应的有效监测数据，节点或网络必须具备分析和处理所得到的感知数据的功能，为查询者提供有效数据；最后，数据来源于节点，对于查询节点的感知数据和节点反馈感知数据到查询者，应当考虑节点行为的调度控制，即节点何时活动，何时休眠或者说哪些时刻多少节点活动，多少节点休眠，从而尽可能提高节点和网络的能量效率。

7.3.1　节点数据管理与拓扑管理

无线传感器网络一般具有大规模、自组织和随机部署等特点[13]。这些特点使拓扑管理成为挑战性研究课题，也决定了拓扑管理在无线传感器网络研究中的重要性：首先，无线传感器网络的数据来自于底层的节点，节点数据采用哪种方式、哪条路径发送到查询终端不仅会影响到网络数据的查询效率，而且与查询节点数据的能耗密切相关，因此，拓扑管理是节点数据管理的一项重要内容；其次，拓扑管理对提高网络覆盖质量和连通质量起着重要作用；再次，良好的拓扑管理有助于降低通信干扰，提高 MAC 协议和路由协议的效率，并为簇内数据融合提供基础，从而有利于提高网络的可靠性、可扩展性等性能。总之，拓扑管理对网络性能具有重大的影响，因而对它的研究具有十分重要的意义。目前，拓扑管理研究已经形成功率控制和睡眠调度两个主流研究方向[14-15]，但其研究内容很少考虑簇内和簇间数据查询的通信消耗，也没有考虑拓扑管理对于簇内节点数据管理的效率，因此降低了算法的实用性。

传感器网络中节点数据的查询可以分为确定性查询和近似查询。前者指用户的查询对象是大量的确定地域、确定时间的多节点感知数据，其过程包括感知数据分析、处理和融合，返回路径的选择，再将最终数据返回给查询终端；后者指感知数据本身存在不确定性，用户对查询结果的要求也是在一定精度范围内的，充分利用已有信息和模型信息，在满足用户查询精度要求下合理选择查询区域部分节点的感知数据，利用近似处理得到符合要求的查询信息，减少不必要的数据感知和数据传输，将会提高查询效率，减少数据传输开销和能量消耗。显然，这两种数据查询都与网络拓扑结构密切相关，决定了感知区域的节点数量、节点感知数据的融合精度以及回传路径的可靠性。典型的 LEACH 和 HEED 算法中，网络将所有节点以初始概率 p 和轮回（Rounds）的方式构成多个簇，并且每个簇头以单跳的方式将该簇的融合数据直接发送到基站。这些算法在节点能耗平衡方面非常成功，但由于簇的动态变化导致一次数据查询伴随着多个广播能耗，也影响到网络的生存时间；其次，对于大规模网络，如果所有簇头直接与基站进行数据传输，一方面是簇头通信能耗明显增加，另一方面是簇头数据可能无法正常到达基站进而影响网络覆盖，失去了数据查询的可靠性。伴随而来的多跳拓扑管理算法，远离基站的簇头数据经过中间转发簇头以多跳的方式回送到基站。多数的拓扑控制算法是尽可能求解数据查询的最短路径，并没有考虑到与基站距离不同的各簇的规模控制。由于距离基站较近的簇头在数据查询中工作频率是最高，能量消耗最多，如果不合理控制这些簇的规模，可能导致这些簇头过早死亡，进而影响到远离基站的簇数据无法正常到达查询用户，网络有效性将大大降低，其数据管理也将失去存在的意义。因此，高效、可靠的传感器网络节点数据管理必须结合可靠、有效网络拓扑管理算法，才能确保节点感知数据的可靠获取、融合和回传。

7.3.2　节点数据管理与节点感知数据

以数据为中心的无线传感器网络，用户感兴趣的是某一区域或对象的被测物理参数的状态，而不是传感器节点本身。无线传感器网络节点密度通常很高，在某一子区域或被观测对象的范围内有大量的传感器节点，这些节点具有相同或相近的感知范围，导致其感知数据彼此具有一定的关联性；同时，由于传感器节点自身质量的差异，以及一些无法控制的随机因素的作用，在实际应用中，各传感器所测定的参数值存在一定偏差；此外，随着传感器节点能量下降，其感知数据的可靠性和测量偏差也随之改变。这样，节点数据管理需要实现对多个传感器节点的感知数据进行分析、处理，并给出判断结果，以决定哪些节点感知数据高可靠，哪些节点感知数据比较可靠，哪些节点感知数据不可靠，进而针对各个节点感知数据的特性实现节点数据融合，最后将融合数据反馈给查询用户。在这个过程中，实际包含了两个任务：根据节点感知数据实现节点分类和完成多节点感知数据的融合。

　　基于分簇的数据收集方法在无线传感器网络中广泛应用，其优点是方便管理、增强网络的可扩展性及易于实现数据融合。本文所讨论的节点数据管理是基于分簇的管理机制。簇内很多成员具有相同或相近的感知范围，其感知数据的关联性具有强、中、弱的情况，如果能够将这些节点分类处理，保留感知数据有效的节点，关闭感知数据可靠度低的节点，能够提高最终观测数据的精度，并将能有效降低簇内通信能耗。此外，在节点高密分布的网络中，特别是网络运行初期，绝大多数节点感知数据关联性很强，而且其感知数据多数有效。显然，在具有关联性很强的感知数据中很可能存在大量的冗余数据，如果能对这些冗余数据进行有效管理，减少冗余数据传送所带来的通信开销和信道竞争，这无疑会降低网络能耗并延长网络生存周期。因此，节点分类应当首先分析节点感知数据的关联性，并针对关联性高的数据进行冗余特性分析，其分类示意图如图 7.3 所示。

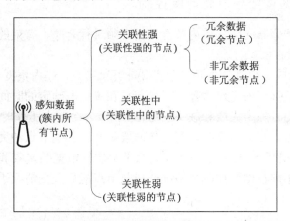

图 7.3　节点分类示意图

　　由图 7.3 可知，有效数据分为冗余数据和非冗余数据，对应的节点为冗余节点与非冗余节点。对于一个簇而言，冗余数据增强了该簇融合数据的可靠性，然而大量的冗余节点数据收发，会带来大量的能量消耗和信道阻塞的风险；如果簇头为查询用户所执行的数据融合其数据源只来自非冗余节点，这可能会降低该簇融合数据的有效性，如何从这些节点中合理选择节点并从其感知数据融合得到最终的观测值是簇头数据处理的一个重要任务。常用的数据融合算法有：基于综合支持度数据融合、基于 Bayes 方法的最优数据融合、加权数据融合算法、混合模糊概率数据关联滤波器（HF-PDAF）和混合模糊联合概率数据关联滤波器（HF-JPDAF）[16]。尽管这些方法在处理不确定性目标的数据关联性分析方面具有较强的应用价值，然而这些算法复杂的推导和庞大的计算量对资源有限的无线传感器网络无疑是不理想的：节点计算能耗急剧增加、节点分类速度下降、簇头数据融合效率降低。因此，合理选择数据融合算法对于提高感知数据精度和融合处理效率有着重要影响。

尽管节点分类和簇头感知数据融合是两个过程，但二者具有紧密合作的特点，节点分类与簇头数据融合的关系如图 7.4 所示。

图 7.4 中，簇头在完成数据融合前，必须先分析簇内成员数据相互的关联性，继而确定簇内成员感知数据的特性，如判别节点感知数据是高可靠、较可靠还是不可靠。当节点分类完成后，簇头根据节点感知数据的可靠程度，保留可靠度

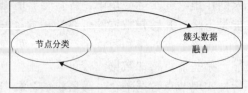

图 7.4 节点分类与簇头数据融合的关系

高和较高的节点感知数据，去除可靠度较低的节点感知数据，实现本簇数据的融合处理。然而，节点分类的实现过程与数据融合处理密切相关，节点分类本身就是簇头对节点感知数据的融合分析过程；而节点快速、准确分类为簇头完成本簇数据的可靠融合奠定了必要的基础。因此，可以说簇头数据融合为本簇节点分类提供了基础，而节点分类是为簇头更好地实现本簇数据融合。

事实上，只要完成了节点准确分类，实施节点数据融合相对容易，比如可以根据各节点感知数据关联性强弱程度设置各个节点感知数据在加权平均融合方法中的各个加权项系数。尽管现有的多个传感器数据融合方法有些差异，但只要满足应用精度且运算复杂度相对较低，对实施分类后的节点感知数据融合都可以应用。

7.3.3 节点数据管理与节点调度控制

基于组簇的无线传感器网络，簇内节点数据必须进行有序、有效的查询或接收，节点调度示意图如图 7.5 所示。

图 7.5 中，当簇内成员被划分为冗余节点和非冗余节点，簇内根据 TDMA 机制为其每个成员节点分配确定的、唯一的工作时隙。冗余节点在簇头所确定的时间段中进入休眠状态，而非冗余节点在确定的时隙中完成和簇头的通信。由于各个节点工作时隙确定且唯一，因此，当某些冗余节点切换为非冗余节点时，其工作时段不会与其他节点冲突。簇头根据成员类别（冗余/非冗余）和相应的工作时隙，完成非冗余节点感知数据的接收和数据融合，并根据查询任务的需求、成员感知数据特性改变情况或成员节点能量改变情况重新确定划分簇内冗余和非冗余节点。

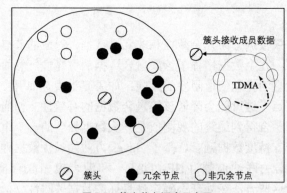

图 7.5 簇内节点调度示意图

合理的节点调度控制对于该簇的能耗、数据融合以及生存周期至关重要。第一，簇内普通节点感知数据发送到簇头的时序必须有统一的规则，否则可能出现簇头信道拥塞，导致接收数据出错甚至通信失败；而普通节点时隙分配不当，加大簇头查询成员的周期，进而带来该簇数据融合效率下降，同时簇头能耗加大。第二，在簇内成员较多的场合中，由于通信的延迟或节点运算速度较慢，可能出现多个节点感知数据同时到达簇头，从而造成信道竞争和数据碰撞。对于存在大量冗余节点的簇，冗余节点与非冗余节点数量的合理控制对于降低网络信道竞争的风险和数据碰撞的概率以及降低网络能耗有着重要影响。如果分配不当造成太多冗余节点被关闭，可能会降低簇头融合数据的可靠性，进而失去节点分类的意义。第三，控制冗余节点与非冗余节点的任务切换或活动与休眠状态切换对于平衡网络通信能耗至关重要，长期关闭一些冗余节点，必然使与其互为冗余的节点能量下降太快，进而影响网络生存周期；从覆盖的角度考虑，冗余节点通常较多覆盖重叠范围，关闭这些节点所带来的覆盖盲点或盲区相对较少，如果随机或顺序选择冗余节点可能导致覆盖度急剧降低，因此如何确定冗余节点的调度机制对于网络性能有着重要影响。第四，随着能量下降，节点感知数据的精度可能下降或者节点感知数据出现较大波动。一方面动态修正节点感知数据关联性和节点分类关系将有利于提高簇头融合数据的精度；另一方面，动态调整冗余节点和非冗余节点的数量分配关系，如减少冗余节点数目，也将有利于提高簇头融合数据的精度。总之，节点的合理调度规则对于节点数据的高效管理有着重要作用。

7.3.4 节点数据管理与能耗关系

无线传感器网络中节点的能耗主要有两类：计算能耗和通信能耗。计算消耗是指节点在进行运算时所消耗的能量，主要包括 CPU、内存等物理设备运转时消耗的能量。通信能耗是指传感器节点在进行通信时所消耗的能量，包括 4 种不同状态能耗：发射、接收、空闲和休眠，不同状态对能量的消耗不同。在休眠状态，节点几乎不消耗能量；在空闲状态，节点消耗较少的能量；在发送状态，节点使用发射器来发送各种数据包，能量消耗最大；在接收状态，节点使用接收器来接收数据，其能量消耗也很大。两者相比，每 bit 的计算能耗要远少于收发相同长度的数据所需通信能耗[17-18]。近几年，随着低功耗处理器的出现，计算能耗相对于通信能耗得到了更大的改善。

在传感器网络中，计算能耗和通信能耗并非相互独立，而是密切相关。节点通过自身电磁参数和网络拓扑信息分析，选择合理的通信路径，降低数据转发中的通信能耗；其次，簇头或普通节点通过分析感知数据，在以不牺牲服务质量的条件下降低数据查询频率，能够有效降低簇内通信能耗；最后，簇头负责本簇成员数据管理，其能量消耗最大，为平衡节点能耗并最大化本簇生存周期，在簇内数据管理任务中，优化普通节点担任簇头的次数，将有利于减少用于新簇头建立时所需的广播能耗，从而提高本簇能量效率。

因此，合理的节点数据管理算法，需要从网络拓扑管理着手，降低数据丢包率，最大限度维持网络覆盖和连通；分析节点感知数据的有效性，实施节点分类控制，达到既能提高簇头融合数据的精度，又能有效降低簇内通信能耗，从而提高网络整体性能。

7.4 节点数据管理技术的重要研究内容

无线传感器网络的节点能量有限，成为其发展中的巨大障碍，这是任何无线传感器网络的研究者都必须考虑的问题。如何使传感器网络在实现其功能的同时，尽可能节约资源和能量依然是该领域今后关注的重点。

OSI 和 TCP/IP 参考模型的成功应用，使很多无线传感器网络的研究者意识到了网络分层管理的优点，进而将这项技术应用到传感器网络的研究中来。过去的几年中，很多研究者针对无线传感器网络的体系结构提出了分层架构：物理层、数据链路层、网络层和管理层，进而出现了相应的多种链路层协议、介质访问控制协议以及路由协议设计等新的技术。随着研究的广泛与深入，很多研究者意识到分层管理的技术并不能使无线传感器网络的应用很好地达到预期目标。原因主要有：在节点数量庞大的无线传感器网络中，不可能保证每个节点正常工作，节点感知数据是否有效，这应当是节点或者网络首先分析的问题，如果网络为一个传送无效数据的节点分配路由或者存储空间，带来的是能量损耗、信道竞争等诸多问题。而节点感知数据的有效性分析可能在本地节点实现，但也可能需要和多个其他节点的感知数据进行比较、综合才能得出结论；对于终端查询者，他所关心的是某一子区域的物理参数，并非是某个节点的感知数据，如果采用层层分解的策略，为所有节点进行路由规划，尽管最终可能得到所需数据，但很可能带来大量的计算能耗。显然，无线传感器网分层的网络体系结构对延长网络寿命并不理想，采用跨层设计的协议、算法将是该领域的一个研究热点。

当前，大多数研究围绕最小化传输能耗提出了网内数据处理技术，显著减少了网络传输开销。在进行网内数据处理时，处理节点位置的选取决定着数据传输的能耗[19]：处理节点越靠近数据源，越有可能节省能耗；反之，处理节点越靠近接收节点，则节省的能耗越有限。EESS（Energy Efficient Selection Strategy）[20]提出一种不需要全局网络拓扑信息的低能耗的处理节点选取策略，即网内数据处理节点的最优选取。通过建立数学模型来描述传输能耗与处理节点选取策略的定量关系，可以最小化数据查询的传输能耗。事实上，无论是静态分布还是动态分布的无线传感器网络，其网内数据处理涉及到节点间数据查询、分析和处理，而节点的位置本身归属于网络拓扑结构；此外，节点感知数据的属性、感知区域、同一子区域节点数据关联性以及数据的有效性都与节点分布有关，传感器网络的数据管理不可能完全脱离网络拓扑，而脱离网络拓扑来实现节点数据管理会使数据的有效性大打折扣。因此，节点数据管理必须得解决网络拓扑的规划和维护：利用节点自身特性实现节点优化组簇，实现网络中节点自适应管理，使节点数据管理与网络拓扑管理成为一体，为高能效的数据管理提供基本条件。

无线传感器网络是以数据为中心的网络，任何应用都离不开数据的处理。如何规划、高效处理和管理来自不同空间、时间的大量节点数据，对于网络的可靠性至关重要。尽管已有很多研究者设计了节点数据处理算法，但大多数算法都是在假设节点分布属于某种已知模型的条件下进行处理，比如节点的分布模型通常采用了泊松分布，这些没有考虑网络的实际应用对象和网络分布环境对节点数据的不确定性、动态性的影响，使其对网络能耗和数据处理精度方面显得无能为力。对于高密、大规模网络，节点感知数据的有效性分析显得尤为重要。然而，如何实现节点数据的有效性分析在目前的研究中，还没有较好的解决方案。无线传感器网络的节点自身配置有处理器，具备数据分析和处理能力，能够根据管理节点的命令进行本地感知数据的分析、处理以及行为控制，如活动、休眠切换。在节点大规模、高密度分布的网络中，存在大量的冗余节点和冲突节点，对应存在可靠感知数据和不可靠感知数据；同时，分布在监测区域的传感器节点由于与目标之间的距离各不相同，单个传感器节点检测到的相关参数并不能直接反映监测目标的真实状态，进而无法得到真实数据，如果将各个传感器节点所有的感知数据都直接传输到查询者，不仅会造成网络资源的浪费，甚至出现最终查询数据不可靠。因此，如何从众多的节点数据中提取出有效数据，如何利用节点感知数据的关联性判别节点类型，进而实施节点行为的调度控制，这对于提高对目标识别的准确度、降低通信能耗、减少信道竞争、延长网络存活时间以及增强网络可靠性至关重要。因此根据节点感知数据，设计高效的节点数据分析，实现子区域或网络的节点分类处理是无线传感器网络节点数据管理技术必须解决的问题。

无线传感器网络是面向应用的网络，针对应用的不同，其节点数据管理机制也存在差异：如环境污染监测、气候异常监测和冰川变化监测，这些被监测对象在多数时候处于相对稳定或变化甚微的状态，显然实时性要求不高（除异常情况外），如果过于频繁的回传监测区域的数据，无疑会加大通信能耗，不利于延长网络寿命。结合节点自身的物理参数（如剩余能量、存储容量），利用节点自身感知数据的关联性，设计簇头数据的预测机制，根据部分普通节点的历史数据和部分节点的实测数据，建立合理的数学模型，通过算法分析和处理，确保数据满足给定的精度要求，实现部分节点或部分监测子区域感知数据的预测。通过预测技术，有效减少监测区域节点发送和簇头接收数据的频率，降低网络通信能耗，从而在实现节点数据管理的同时，延长了网络的生存时间。无线传感器网络节点数据预测处理技术无疑会为其应用推广带来新的动力。

7.5　研究现状及主要问题

无线传感器网络通过大量的节点获取观测对象的数据，而脱离网络分析单一的节点没有任何意义，因此通常说传感器网络是以数据为中心的网络，数据管理与处理技术是其应用的关键技术。无线传感器网络数据管理的基本思想是把传感器视为感知数据流或感知数据源，把传感器网络视为感知数据空间或感知数据库，把数据管理和处理作为网络的应用目标。目前，无线传感器网络的数据管理技术主要包括对感知数据的存储、查询和索引，目的是把传感器网络上数据的逻辑视图和网络的物理实现分离开来，使用户和应用程序只需关心查询的逻辑结构，而无需关心传感器网络的实现细节。目前对于无线传感器网络的数据管理层次划分主要有两类，一种是提出无线传感器网络的数据管理为区别于应用层、网络层的一个单独层[21-22]，如图 7.6（a）所示；而另外一种认为数据管理任务贯穿于传感器网络设计的各个层面[23-24]，如图 7.6（b）所示。后者从传感器节点设计到网络层路由协议实现以及应用层数据处理，把数据管理技术和传感器网络技术结合起来，实现一个高效率的传感网络，它不同于传统网络所采用分而治之的策略。然而，无论是采用哪种方式的无线传感器网络数据管理机制，都需要对网络中节点或者节点感知数据进行相应的建模，用于解决以下几个问题。

（1）感知数据具有不确定性。节点产生的感知数据由于存在误差并不能真实反映物理世界，而是分布在真值附近的某个范围内，这种分布可用连续概率分布函数来描述。传统文献中讨论的数据模型技术大多采用离散概率分布函数，并不能很好地适用于传感器网络。

（2）利用感知数据的空间相关性进行数据融合，减少冗余数据的发送及其相应的能耗，从而延长网络生命周期；同时，当节点损坏或数据丢失时，可以利用邻居节点的数据相关性特点，在一定概率范围内正确发送查询结果。

（3）节点能量受限，必须提高能量利用效率。根据建立的数据模型，可以调节传感器节点工作模式，降低节点采样频率和通信量，达到延长网络生命周期的目的。

（4）方便查询和数据分布管理。查询计划必须考虑最小化能量消耗，同时，大量的节点数据查询必须结合通信带宽和节点处理能力，则需合理选择节点数量及其数据分布范围。

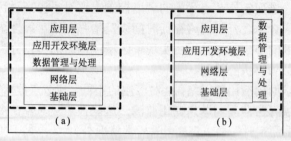

图 7.6　无线传感器网络的数据管理

7.5.1　研究现状

无线传感器网络被认为是 21 世纪最重要的技术之一，很多国家在最近几年加大了对无线传感器网络的研究力度。美国自然科学基金委 2003 年制定了无线传感器网络研究计划，投资 3 400 万美金，支持相关的基础理论研究；日本、韩国也相继展开了无线传感器网络方面的研究工作[25]。我国从 2005 年至 2008 国家自然科学基金委资助 90 多个 WSN 项目，主要涉及无线传感器网络协议、拓扑管理算法、数据融合和信息安全等方面。这些研究计划和项目的建立与执行无疑会加快无线传感器网络技术的发展，为无线传感器网络的广泛应用奠定了必要的理论基础。

近年来，随着研究的深入，国内外无线传感器网络的研究者分别在 MAC 和路由协议、拓扑控制、数据管理技术等方面取得了不少的研究成果。在无线传感器网络的 MAC 协议方面，多数研究者针对资源受限的大量传感器节点提出建立具有自组织能力的多跳通信链路，实现公平有效的通信资源共享，降低数据包之间的碰撞概率，典型的如基于 TDMA 的能量唤醒 MAC 协议[26]。现有的 WSN 路由协议可分为 5 类[27]：基于聚簇的路由协议、基于地理位置的路由协议、能量感知路由协议、以数据为中心的路由协议和容错路由协议。由于无线传感器网络的特殊性，WSN 拓扑控制对于网络的覆盖、连通和能耗有着重要影响。层次拓扑控制能够确保原有覆盖范围内的数据通信，并能节省节点能量，其优越的性能得到很多研究者的青睐和深入研究，最近几年出现了诸如 TopDisc[28]、GAF[29]、LEACH[30]和 HEED[31]等分簇算法。

早期对数据模型的研究主要是对传统关系模型、对象关系模型或时间序列模型进行扩展。美国加州大学伯克利分校开发的 TinyDB 系统对传统关系数据模型进行了简单扩展，把传感器网络定义为一个单一的无限长的虚拟关系表，节点的每个数据对应关系表中的一行。美国康乃尔大学 Cougar 系统的数据模型中，传感器网络元数据（节点 ID 等）用传统的关系来表示，而感知数据用时间序列来表示，数据模型包括关系代数操作和时间序列操作，操作尽可能在网内分布式处理，以减少通信资源的消耗。这样的数据模型与传统分布式数据库结构比较相似，有利于查询的实现，但是并不能解决数据不确定性问题。在此基础上提出了结合概率的数据模型，主要包括基于概率模型的数据缓冲策略，客户端-服务器模式的概率传输策略以及对数据流处理的概率模型。针对节点损坏、数据丢失和数据不确定性等问题，文献[32]提出了一种基于概率的多维数据模型，通过观察确定数据某一属性的概率分布情况，根据概率模型计算感知数据，从而提高查询效率，确保查询结果的正确性，并支持某些特殊查询。这些数据查询算法主要从查询路径和查询结果的可靠性来考虑，而对于网络能耗考虑较少。文献[33]针对查询能量效率问题，采用动态概率复制模型实现了 Ken 机制，在基站和网络分别维持一个感知数据模型，当节点感知数据与网络内模型预测值不符时才传输数据到基站。这种策略尤其适用于事件驱动的应用，但是结果精度与模型相关。文献[34]提出了一种基于过滤器的无线传感器网络多维 K-NN 查询优化算法 PREDICTOR，过滤器设置在节点端的取值分布区间，用来屏蔽节点发送属于区间内的数据，从而节省节点能耗。基于服务驱动的查询策略[35]，节点运行中保存邻居节点信息，根据查询语义决策出查询的最优路径和最小功耗。传感器网络在数据查询过程中，对于不同应用其查询频率不同。在实时性要求高的场合中，查询频率相对较高，如果在每一次查询过程中，需要收集所有节点的感知数据，其能耗将会急剧增加，这无疑会缩短网络寿命。基于粗粒度的查询算法[36]提出对观测值具有周期性变化规律的对象设置阈值，通过优化选取单个节点作为查询对象进而取代查询每一个节点的感知数据，除非该节点感知数据超出设定范围，使多数查询任务只需少量的节点就能够完成，降低了网络能耗，延长了网络寿命。哈尔滨工业大学的研究人员提出了一种基于感知数据概率模型的分布式采样和通信动态调度算法[37]，使传感器节点根据概率模型确定自己的采样和通信时机，最小化采样频率和通信量，减少传感器节点的能量消耗，延长传感器网络的生命周期。在众多查询任务中，难免发生查询结果无效，这不仅会导致查询者无法得到有用信息，而且会带来大量的网络能量消耗。为此，文献[38]提出近似查询结果集合避免没有合适的感知数据符合查询条件并为查询者提供修改查询条件的向导；同时，使查询过程中过滤了不必要的数据，减少了数据传输总量，提高了查询过程的能量效率。

从数据存储的角度看，无线传感器网络可被视为一种分布式数据库。以数据库的方法在无线传感器网络中进行数据管理，可以将存储在网络中的数据的逻辑视图与网络中的实现分离，使得用户只需要关心数据查询的逻辑结构，无需关心实现细节，显著增强无线传感器网络的易用性。无线传感器网络的数据管理与传统的分布式数据库存在很大的差别，必须针对传感器网络的特点，设计能量高效的、鲁棒的数据管理技术。

在现有的 WSN 数据管理中的存储技术中，根据节点数据存储位置大致可以分为 3 类：本地存储、外部存储和数据中心存储[39]。定向扩散（Directed Diffusion，DD）[40]和申明路由协议（Declarative Routing Protocol）[41]是两种典型的本地数据存储机制，尽管这两种机制不需要复杂的路由算法，但它们的实现都需要在汇聚节点采用洪泛传播和路径增强机制才能确定一条从本地数据源中获取数据的优化传输路径；此外，由于汇聚节点周期性广播带来了较多的附加能耗。通过以数据为中心的存储方法处理基于事件的查询，由用户定义一些感兴趣的事件，当传感器观测到这些事件后，利用系统定义的散列函数将事件名散列到网络内的一个地理位置，并将关于此事件的数据保存于距离散列位置最近的节点（该节点称为 home 节点）[42-43]。通过节点间的调度任务项目和节点属性的逻辑位置与物理位置的映射关系，设计了一种数据中心存储的组织方法[44]，提高本地数据查询的效率。然而大量的感知数据需要发送至存储中心时，在数据发送过程中网络能耗会急剧增加，这对于能量有限的节点显然极为不利。文献[45]的作者结合本地存储和数据中心存储技术，构建了一种基于空间分层的节点感知数据的存储机制，实现了节点数据的高效查询。然而这种机制依然存在节点和存储中心通信高能耗的问题；同时，发送大量的冗余数据到存储中心，增加了网络能耗，不利于提高网络能量效率。DCS 存储策略（Resilient Data-Centric Storage），降低了节点的平均存储代价及获取数据的平均通信代价[46]。文献[47]对 DIM 方法进行了改进，采用直方图的设计思想调整多维数据空间各个维的划分点，从而平衡每个节点的数据存储量，试图达到负载平衡。这些方法主要集中在数据存储处理方式上，但由于事件查询和存储限制于少数节点（home 节点），使这些节点能耗加大而过早失效，进而影响网络生存周期。文献[48]提出利用数据速率和地理位置来确定数据存放位置的自适应全局最优贪婪算法 ODS（Optimal Data Storage）和局部最优近似算法 NDS（Near-optimal Data Storage）以及最优数据传输模式，通过自适应地调整数据存放位置来减少数据存取的能量消耗，提高了数据存取的能量效率。负载平衡数据存储协议将传感器网络划分为多个环，在网络工作的某个时间段内，数据被分散存储在某个环内的多个节点上；在不同时间段内，各环轮换工作进一步消除"热点"[49]。该算法从数据存储到查询处理的整个过程中，实现了网络的所有节点均匀地消耗能量，从而避免了传统方法中的热点问题，达到延长网络寿命的目的。

在无线传感器网络的数据管理任务中，单纯依靠节点数据查询或存储优化，很难获得较高的能量效率。近年来，很多研究者提出了节点拓扑管理算法以及节点行为控制算法来提高在数据查询过程中的能量效率[50-54]。利用遗传算法进行数据管理实现了平衡节点能耗和延长网络生存周期[55-56]。文献[57]提出了波形调度算法（Wave Scheduling），通过将各个节点通信量分配到不同的时间槽内，各个节点除了在调度规定的时隙中处于工作状态，其他时段被关闭，有效地降低了信道的竞争，进一步提高了数据的传输率，以低延迟的通信性能使得通信调度更为稳定、网络能量效率明显改善。文献[58]提出无线传感器网络中关联数据的线性预测技术，通过最小均方误差估计和最小线性无偏估计解决了一方面不需要对统计先验知识的依靠，另外一方面降低了在获取满足一定失真度要求下的节点感知数据的功耗。

近年来，针对无线传感器网络的数据融合算法也相继出现，目的主要是为了降低信息频繁冲突的概率以提高信道利用率，获取更加准确的被监测目标或区域的信息并提高能量效率。较早的传感器网络的数据融合算法主要基于传统的 Client/Server（C/S）模型[1, 59]，在这种模型中，传感器节点被看成是 Client，处理节点被看作是 Server，处理节点收集依据路由协议从各个传感节点传送来的数据，集中进行融合处理。对于传感器网络来说，C/S 模型存在两个主要问题[60-61]：一是网络延迟和能量消耗大，各传感节点可以同时向处理节点传送数据，而处理节点只能顺序接收，当传感节点数量增多，感知数据总量增大时，网络延迟和能量消耗随之加大；二是节点能量消耗不均衡，处理节点因为要保持与各个传感节点的连接并处理其数据，相对普通传感节点来说需要消耗更多的能量，这就需要预置超强能量的节点作为处理节点或采用某种算法来轮换处理节点。文献[62-63]中的作者提出采用移动代理来实现节点融合处理任务，与 C/S 模型相比，移动代理大大降低了网络时延并提高了能量效率。事实上，在多数大规模传感器网络的应用中，除基站外的所有传感器节点功能和特性基本相似，如果事先指定某些节点为移动代理，这对于延长网络寿命是不利的；而动态地选取移动代理会随着网络规模的增加而变得难以决策，使其应用的可行性大打折扣。随着研究的进一步深入，针对无线传感器网络的数据融合方式，研究者们提出了对应于协议栈的数据融合处理机制：应用层的数据融合[64]和网络层的数据融合（如 LEACH、TEEN[65]等）。应用层的融合技术体现了无线传感器网络是以数据为中心的网络，用户无需了解如何获取到节点数据。然而在这些算法的实施过程中，很难实现能耗被控制在某一个范围内。网络层的数据融合通常是基于层次的路由，以分簇方式实现数据融合，簇头将融合后的数据发送到汇聚节点或基站，减少了普通节点与汇聚节点或基站直接信息交换的频率，提高了信道利用率也改善了网络能量效率。

由于无线传感器网络自身的特点，其数据管理与处理技术不仅需要实现数据的存储和查询，还应当考虑数据的分析、融合以及基于感知数据的决策和行为控制等技术。传感器网络的数据管理与传统的分布式数据库系统有很大差别，其中一个典型区别是传统的分布式数据库不考虑冗余数据和数据物理位置信息，而传感器网络节点密度通常很大，存在大量的冗余数据，如果不对这些冗余数据进行有效管理，势必会增加通信能耗；同时，大量的冗余数据可能长时间占用或竞争信道，这对于簇内或簇间通信都极为不利。因此在无线传感器网络中，必须考虑冗余数据的处理以及相应节点行为的控制，比如适当关闭某些冗余节点，降低与簇头通信的普通节点数目而不影响最终融合数据。此外，传感器节点的感知数据多数具有误差，同时随着能量的下降，感知数据的误差可能增加甚至完全失效。显然，WSN 数据管理技术必须考虑感知数据的有效性分析，为查询者提供可靠的观测数据，而对收到的无效数据应当就地丢弃，避免不必要的数据收发带来额外功耗。

无线传感器网络的数据管理任务力求查询过程简单、高效，其中一个主要原因是节点能量通常由有限的电池供电，而且在部署后难以二次补充能量，因此传感器网络存在严重的能量约束问题，这也是无线传感器网络设计中需要重点考虑的问题。目前有很多课题分别从低功耗芯片设计、MAC 协议以及路由协议方面着手提高网络能效和延长网络寿命[66-68]。传感器节点中消耗能量的模块有传感器模块、处理器模块和无线通信模块等，其中无线通信消耗了大部分的能量。低功耗数字电路和模拟电路技术在最近几年有了很大的提高，但单纯地依靠物理层设计或 MAC 层协议的改进，其节点能耗不可能降到最低状态；同时，现有很多路由协议通常以选择最短路径为目标，这样，网络运行中产生的大量数据流集中于能耗最低的路径上，使网络总能耗得到改进，但往往造成"热区现象"，出现某些区域或路径上节点全部失效，导致网络分割明显，进而影响到网络有效性。这也决定了实施 WSN 数据管理与处理的同时必须考虑网络能耗问题，要求高效的数据管理技术既能对网络运行过程中产生的大量数据进行管理，同时又能将网络能耗降到最低，达到延长网络生存周期和提高网络服务性能的目标。

7.5.2 存在的主要问题

无线传感器网络是任务型网络，其任何应用都离不开数据分析与处理；同时，感知数据管理和处理技术的研究是一项实现高效率无线传感器网络的重要技术和关键任务。尽管现有很多研究者针对无线传感器网络的数据管理设计了相关的协议和算法，但还存在一些问题有待解决。

① 多数研究人员很少考虑数据管理与网络拓扑结构的关系，导致查询请求不能高效、快速到达目标节点，进而使数据管理中能量消耗很大，降低了网络生存周期。

② 目前多数 WSN 数据管理算法主要单独考虑某区域节点感知数据的查询或存储处理，或者是感知数据的融合处理等任务，很少将这些内容综合考虑，造成将感知数据的融合任务放置在基站或查询终端，使网络通信负荷较大；同时，很少有研究者提出感知数据的有效性分析，在 MAC 层甚至网络层，对感知数据不作任何处理，直接将其转发，带来不必要的网络能耗和信道竞争。此外，随着能量下降，越来越多节点的感知数据的可靠度降低，如果转发大量的无效数据，不仅会给网络带来严重的能耗和信道冲突的风险，加速网络中的节点死亡速度，而且可能使最终的融合数据精度降低甚至失效，这既不利于延长网络寿命又不利于

提高网络可靠性。

③ 尽管节点休眠、活动的调度研究算法出现了很多，但很少有研究者在算法设计中考虑根据节点感知数据的有效性实现节点分类控制和对不同类别的节点进行相应的行为控制。事实上，在节点分布密度很高的区域，存在较多的冗余数据和部分冲突数据，如果不实施冗余数据和冲突数据的管理，必然造成信道竞争和能耗增加，对于延长网络生存周期和改善网络性能极为不利。

④ 部分研究者提出将传感器网络的数据管理划分成类似于网络层、传输层的一个任务层，完成节点的数据管理。传感器网络由于自身的特点，它不同于传统网络采用分而治之的策略，对其数据的管理应当贯穿于传感器网络设计的各个层面，从传感器节点设计到网络层路由协议实现以及应用层数据处理，必须把数据管理技术和传感器网络技术结合起来，才能实现一个高效率的传感网。

无线传感器网络是以数据为中心的网络，用户不需要关心被测对象的参数从何种渠道获得，这点对查询终端或查询用户来说是没有争议的。从上面的分析可以看出，从事无线传感器网络数据管理技术研究的科研工作者所提出的无论是数据查询、存储技术还是融合技术，只要数据源涉及具体的节点且又要求能量高效时，其实施算法或机制就不太可能完全脱离网络的物理实现，也不可能完全忽略节点的物理特性。为达到能量高效，在传感器节点收集数据的过程中，应该利用节点的本地计算、分析和存储能力实施感知数据的处理，在不影响网络性能的条件下尽量减少数据传送量。事实上，组成无线传感器网络的传感器节点不仅能够接收物理世界的感知数据，而且还能够有效地存储、计算和转发这些数据，以实现对部署区域感知信息的有效收集和处理。因此，本论文提出了节点数据管理与能耗研究。首先，从网络拓扑结构出发，确保网络在维持已有的覆盖度和连通度的基础上，建立一种静态的分簇模型。其次，根据节点感知数据，结合节点感知数据的相互关联性，实现节点分类，并根据分类准确实施冲突节点和冗余节点的休眠调度控制，为无线传感器网络节点数据管理提供一种实用的解决方案。最后，针对应用的特殊性，为尽可能延长网络寿命而减少簇头与其成员数据收发量，提出了节点数据预测处理技术。

参考文献

[1] Ganesan D，Estrin D，Heidemann J. DIMENSIONS: Why do we need a new data handling architecture for sensor networks? [J]. SIGCOMM Computer Communication Review，2003，33（1）：143-148.

[2] Li X，Kim Y J，Govindan R. Multi-dimensional range queries in sensor networks [C]. Proceedings of the ACM Conference on Embedded Networked Sensor Systems. Los Angeles，California，USA，ACM Press，2003：63-75.

[3] Madden SR，Szewczyk R，Franklin MJ，et al. Supporting aggregate queries over ad-hoc wireless sensor networks [C]. Proceedings of the Workshop on Mobile Computing and Systems Applications. IEEE Computer Press，2002：49-58.

[4] Madden SR，Franklin MJ. Fjording the stream: An architecture for queries over streaming sensor data [C]. Proceedings of the ICDE Conference. IEEE Computer Press，2002：555-566.

[5] Madden SR，Shah MA，Hellerstein JM，et al. Continuously adaptive continuous queries

over streams [C]. Proceedings of the SIGMOD Conference. ACM Press，2002：49-60.

[6] Madden SR，Franklin MJ，Hellerstein JM，et al. The design of an acquisitional query processor for sensor networks [C]. Proceedings of the SIGMOD Conference. ACM Press，2003：491-502.

[7] University of California at Berkeley. TinyDB [EB/OL]. http：//telegraph. cs. berkeley. edu/tinydb/.

[8] Gerhke J. COUGAR design and implementation [EB/OL]. http：// www. cs. cornell. edu/database/cougar/.

[9] Yao Y，Gehrke J. The cougar approach to in-network query processing in sensor networks [J]. SIGMOD Record，2002，31（3）：9-18.

[10] Bonnet P，Gehrke JE，Seshadri P. Towards sensor database systems [C]. Proceedings of the 2nd International Conference on Mobile Data Management. Springer-Verlag，2001：3-14.

[11] Krishnamachari B. Impact of data aggregation in wireless sensor networks [C]. Proceedings of the International Workshop of Distributed Event Based Systems. IEEE Computer Press，2002：1-11.

[12] 杨军，张德运，张云翼，等.基于分簇的无线传感器网络数据汇聚传送协议[J]，软件学报，2009，doi：10.3724/SP.J.1001.2009.03534.

[13] F Akyildiz，W Su，Y Sankarasubramaniam，E. Cayirci. A survey on sensor networks [J]. IEEE Communications Magazine，2002，40（8）：102-114.

[14] 张学，陆桑璐，陈贵海，陈道蓄，谢立. 无线传感器网络的拓扑控制[J]. 软件学报，18（4），943-954.

[15] Poduri S，Pattem S，Krishnamachari B，Sukhatme G. A unifying framework for tunable topology control in sensor networks [R]. Technical Report，CRES-05-004，University of Southern California，2005：1-15.

[16] Oussalah M，De Schutter J. Hybrid fuzzy probabilistic data association filter and joint probabilistic data association filter [J]. Information Sciences，2002，142（1- 4）：195-226.

[17] GregoryP，William JK. Embedding the Internet：Wireless integrated network sensors [J]. Communications of the ACM，2000，43（5）：1-58.

[18] 隆克平，邓银波，陈前斌，等. 移动 IP 和 MPLS 结合的网格体系结构及关键技术[J]. 重庆邮电学院学报（自然科学版），2004，16（6）：1-6.

[19] Bonfils B，Bonnet P. Adaptive and decentralized operator placement for in-network query processing[J]. Telecommunication Systems，2004，26（2-4）：389-409.

[20] 陈颖文，徐明，吴一. 无线传感器网络网内数据处理节点的优化选取[J]. 软件学报，2007，18（12）：3104-3114.

[21]李建中，李金宝，石胜飞. 传感器网络及其数据管理的概念、问题与进展[J]. 软件学报，2003，14（10）：717-1727.

[22] Honggang Wang，Dongming Peng，Wei Wang，et al. Cross-layer routing optimization in multirate wireless sensor networks for distributed source coding based applications [J]. IEEE Transactions on Wireless Communications，2008，7（10）：3999-4009.

[23] Hui Wang，Yuhang Yang，Maode Ma，et al. Network lifetime maximization with

cross-layer design in wireless sensor networks [J]. IEEE Transactions on Wireless Communications，2008，7（10）：3759-3768.

[24] Bart Elen，Sam Michiels，W Joosen，et. al. A middleware pattern to support complex sensor network applications [C]. ACM SIGPLAN，OOPSLA '06 Workshop on Building Software for Sensor Networks，2006：22-26.

[25] 蒋杰. 无线传感器网络覆盖控制研究[D]. 长沙：国防科学技术大学，2005.

[26] Khaled Arisha，Moustafa Youssef，Mohamed Younis. Energy-aware TDMA-based MAC for sensor networks [C]. IEEE Workshop on Integrated Management of Power Aware Communications，Computing and Networking. New York，USA，2002：69-74.

[27] 李建中，高宏. 无线传感器网络的研究进展[J]. 计算机研究与发展，2008，45（1）：1-15.

[28] E Shih，S Cho，N Ickes，et al. Physical layer driven protocol an d algorithm design for energy-efficient wireless sensor networks [C]. ACM Annual Int'l Conference on Mobile Computing and Networking. Rome，Italy，2001：272- 287.

[29] A Woo，D Culler. A transmission control scheme for media access in sensor networks [C]. ACM Annual Int'l Conference on Mobile Computing and Networking，Rome，Italy，2001，221-235.

[30] W Heinzelman，A Chandrakasan，H Balakrishnan. Energy-efficient routing protocols for wireless microsensor networks [C]. Proceedings of 33rd Hawaii International Conference System Sciences，Jan，2000：1-10.

[31] Younis O，Fahmy S，HEED: A hybrid，energy-efficient，distributed clustering approach for ad hoc sensor networks [J]. IEEE Transactions on Mobile Computing，2004，3（4）：366-379.

[32] Deshpande A，Guestrin C，Madden SR. Using probabilistic models for data management in acquisitional environments [C]. Proceedings of the CIDR，2005：317-328.

[33] Chu D，Deshpande A，Hellerstein J M，Hong W. Approximate data collection in sensor networks using probabilistic models [C]. Proceedings of the Data Engineering. IEEE Computer Society，2006：48-48.

[34] 赵志滨，于戈，李斌阳，等. 一种无线传感器网络中的多维 K-NN 查询优化算法[J]. 软件学报，2007，18（5）：1186-1197.

[35] Abdelmounaam Rezgui，Mohamed Eltoweissy. Service-driven query routing in sensor networks [C]. Proceedings of Local Computer Networks，2006： 649-655.

[36] Sun Junzhao. Coarse-grain data gathering in continuous query for periodical phenomena in wireless sensor networks [C]. The 2nd International Conference on Sensor Technologies and Applications，2008：525-530.

[37] 李建中，石胜飞，王朝坤.基于感知数据概率模型的无线传感器网络采样和通信调度算法[J].计算机应用，2005，25（9）：1982-1985.

[38] Liqiang Pan，Jizhou Luo，Jianzhong Li. Probing queries in wireless sensor networks [C]. The 28th International Conference on Distributed Computing Systems. 2008：546-553.

[39] 刘琳，于海斌，曾鹏. 无线传感器网络数据管理技术[J]. 计算机工程，2008，34（2）：62-65.

[40] C Imatagonwiwat，R Govindan，D Estrin. Directed diffusion：A scalable and robust communication paradigm for sensor networks [C]. Proceedings of the Sixth Annual ACM/lEEE International Conference on Mobile Computing and Networking，2000：56-67.

[41] Boon Thau Loo，Joseph M. Hellerstein，Ion Stoica，Raghu Ramakrishnan Declarative routing：extensible routing with declarative queries [C]. Proceedings of the ACM Workshop on Programmable Routers for Extensible Services of Tomorrow，2005：63-68.

[42] Scott S，Sylvia R，Brad K，et al. Data-centric storage in sensor nets [J]. ACM SIGCOMM Computer Communication Review，2003，33（1）：137-142.

[43] Sylvia R，Brad K，Scott S，Deborah E，et.al. Data-centric storage in sensor nets with GHT，a geographic hash table [J]. Mobile Networks and Applications，2003，8（4）：427-442.

[44] Ramakrishna Gummadi，Xin Li，Ramesh Govindan，Cyrus Shahabi.Wei Hong. Energy-efficient data organization and query processing in sensor networks [J]，SIGBED Review，2005，2（1）：7-12.

[45] D Ganesan，B Greenstein，D Perelyubskiy，D. Estrin and J. Heidemann. An evaluation of multi-resolution search and storage in resource-constrained sensor networks [C]. Proceedings of the First ACM Conference on Embedded Networked Sensor Systems，2003：89-102.

[46] Yanlei Diao，Deepak Ganesan，Gaurav Mathur，et.al. Rethinking data management for storage-centric sensor networks [C]. In Conference on Innovative Data Systems Research，2007：22-31.

[47] Li X，Bian E，Govindan R. Rebalancing distributed data Storage in sensor networks [EB/OL]. http：//www.cs.usc.edu/Research/TechReports/05-852.pdf.

[48] 蔚赵春，周水庚，肖斌. 无线传感器网络中自适应数据存取[J]. 软件学报，2008，19（1）：103-115.

[49] 李贵林，高宏. 传感器网络中基于环的负载平衡数据存储方法[J]. 软件学报，2007，18（5）：1173-1185.

[50] R Ramanathan，and R Rosales-Hain. Topology control of multihop wireless networks using transmit power adjustment [C]. The 19th International Annual Joint Conference of the IEEE Computer and Communications Societies，2000：404–413.

[51] C Schurgers，V Tsiatsis，S Ganeriwal，ang M.Srivastava. Optimizing sensor networks in the energy-latency-density design space [J]. IEEE Transactions on Mobile Computing，2002，1（1）：70-80.

[52] Xu，YJ Heidemann，D Estrin. Geography-informed energy conservation for ad hoc routing [C]. The ACM/IEEE International Conference on Mobile Computing and Networking. 2001：70-84.

[53] B Chen，K Jamieson，H Balakrishnan，R.Morris. Span：An energy-efficient coordination algorithm for topology maintenance in ad hoc wireless networks [C]. The 7th ACM International Conference on Mobile Computing and Networking，2001：85-96.

[54] A Cerpa，and D Estrin. ASCENT: adaptive self-configuring sensor network topologies [J]. IEEE Transactions on Mobile Computing，2004，3（3）：272-285.

[55] Abhishek G，Jens G，John C. Resilient data-centric storage in wireless ad-hoc sensor

networks [C]. The 4th Conference on Mobile Data Management，2003：45-62.

[56] Yantao Pan，Xicheng Lu. Energy-efficient lifetime maximization and sleeping scheduling supporting data fusion and QoS in Multi-Sensor Net [J]. Signal Processing 2007，87（12），2949-2964.

[57] A Demers，J Gehrke，R Rajaraman，N. Trigoin. and Y. Yao. Energy-efficient data management for sensor networks：A work-in-progress report [EB/OL]. http：//www. comlab. ox. ac.uk/sensors/publications/Demers_UpstateNYWorkshop2003.pdf.

[58] Israfil Bahceci，Amir K. Khandani. Linear estimation of correlated data in wireless sensor networks with optimum power allocation and analog modulation [J]. IEEE Transactions on Communications，2008，56（7）：1146-1156.

[59] Wook C，Das S K. A novel frame work for energy conserving data gathering in wireless sensor networks[C]. Proceedings of the 24th Annual Joint Conference of the IEEE Computer and Communication Societies，2005：1985-1996.

[60] Lindsey S，Raghavendra C，Sivalingam K M. Data gathering algorithms in sensor networks using energy metrics [J]. IEEE Transaction on Parallel and Distributed Systems，2002，13（9）：924-935.

[61] 周四望，林亚平，聂雅琳，等. 无线传感器网络中基于数据融合的移动代理曲线动态路由算法研究[J]. 计算机学报，2007，30（6）：894- 904.

[62] Hairong Qi，S. Sitharama Iyengar，Krishnendu Chakrabarty. Multi-resolution data integration using mobile agents in distributed sensor networks [J]. IEEE Transactions on Systems，Man，and Cybernetics-part C: Applications and Reviews，2001，31（3）：383-391.

[63] Min Chen，Kwon Taekyoung，Choi Yanghee. Data dissemination based on mobile agent in wireless sensor networks [C]. Proceedings of the IEEE Conference on Local Computer Networks 30th Anniversary，2005：1-2.

[64] S Madden，M J Franklin，J Hellerstein et al. TAG: a tiny aggregation service for ad-hoc sensor networks [C]. Proceedings of the Fifth Symposium on Operating Systems Design and Implementation，2002：131-146.

[65] Manjeshwar，Dharma P. Agrawal. TEEN: A routing protocol for enhanced efficiency in wireless sensor networks [C]. 15th International Parallel and Distributed Processing Symposium，2001：2009-2015.

[66] Estrin D. Wireless sensor networks tutorial part IV: Sensor network protocols[C]. Proceedings of the ACM Mobile Computing and Networking，2002：23-28.

[67] W Ding，S Iyengar，R Kannan. Energy equivalence routing in wireless sensor networks [J]. Microprocessors and Microsystems，2004，28（8）：467-475.

[68] N Hu，Y Zhang. Energy balance routing in wireless sensor networks [J]. Journal of Xi'an Jiaotong University，2006，40（6）：675-680.

第 **8** 章　基于感知数据综合支持度的节点分类算法

8.1　引言

数据融合是无线传感器网络的一个重要研究内容，数据融合过程需要分析平面或空间节点数据的差异性、关联性等属性。无线传感器网络的节点通常高密分布，数量庞大，为了对众多节点数据进行分析、融合，需要对传感器节点的感知数据进行分类[1]。分类有各种标准：从融合层次[2]来看，可以分为数据层数据、特征层数据和决策层数据，显然不同层的数据并不能直接进行融合，同一层的数据可以进行融合，融合的顺序一般从数据层到特征层直至决策层；从融合精度[3]来看，可以对传感器数据进行多尺度分析，以区分不同的尺度，对同一尺度的数据进行融合，根据需要采用不同的融合尺度分层融合；从数据关系[4]来看，可以分为冗余数据、补充数据和冲突数据，冗余数据是指多传感器对同一目标的同一特征提供的信息，补充数据是指多传感器对同一目标的不同特征提供的信息，也可能是同一目标的不同局部，冲突数据是指多传感器对不同目标提供的信息，或者对同一目标提供的在时间或者空间上不关联的信息，或者发生故障的传感器提供的矛盾信息。在融合的过程中，如果能够将冗余、补充和冲突的数据进行有效区分，从而对分类数据采取不同的融合方法，就能极大地提高融合的精度和融合结果的可信度。

处于空间或平面不同位置的节点 n_i 和 n_j 对同一观测对象所得到的感知数据不是完全对立的，而是具有关联性。尽管节点感知数据的关联性随着传感器节点密度和传感器的测量偏差不同而有所区别，但节点感知数据的关联性仍然能反映出节点间的关联性，由此可将节点划分成不同类型。

8.2　节点分类的必要性

无线传感器网络的每个节点都具有完整的运算和存储功能，就节点本身来说，它是一个独立的计算单元，能够实现数据的管理，可以根据网络结构或者是任务需求动态调整自身行为，包括数据感知、数据收发以及自身状态的控制（活动与休眠）。目前在无线传感器网络中广泛应用的分簇算法，将众多的节点分成不同的簇，簇头实现对本簇成员数据的收发和对成员数据的分析。无线传感器网络存在数量庞大的节点，而且通常节点分布密度很大，可以达到 20 nodes/m³ [5]，簇内很多成员具有相同或相近的感知范围，其感知数据的关联性具有强、中、弱的情况；同时，随着能量下降，节点感知数据的可靠性也在改变。如果能够将这些节点分类处理，如保留感知数据可靠度高的节点，关闭感知数据可靠度低的节点，将能有效减少簇内通信能耗，并能降低信道竞争的风险。在保持覆盖度和连通度不变的情况下适当关闭一些冗余节点，将有利于减少网络能量消耗从而延长网络寿命。然而如何划分节点类型是无线传感器网络的一个技术难点。现有很多算法多数根据节点位置信息、节点感知半径[6-8]实现冗余节点划分；文献[9]提出了一种基于概率而不是基于位置信息的分析节点冗余的数学方法，即节点可以根据自身感知半径内的邻居节点数量计算出自身成为冗余节点的概率。由于不需要配备 GPS 或有向天线，所以节点的成本得到了控制；此外，由于不需要通过消息交换来获取节点的位置信息，所以减轻了传感器网络系统的通信开销。然而，由于绝大多数节点的感知硬件和通信部件是完全独立的两个模块，即通信半径和感知半径不一致。因此，要知道节点感知半径中的邻居节点数量，需要有专门的硬件进行判断，这种情况在早期无疑会加重硬件成本。文献[10]提出基于时空域频率动态带宽的数据去时空冗余算法和相应的路由策略。该算法有效地去除了数据的时空冗余，节省了网络的通信能耗。在传感器网络中，往往用多个传感器测量同一个指标参数，有时是用不同性能特点的传感器以达到"优势互补"，从而提高测量的可靠性和测量精度[11]。然而，不同的传感器所测量的特性参数的数据会有偏差，这种偏差一方面来自传感器本身的特点及精度，另一方面来自数据处理过程中的数学算法。事实上，多数节点感知数据偏差各异；同时，随着能量下降，感知偏差或数据的不确定性可能加大，如果单纯依靠节点的感知范围或节点位置信息来决策出冗余节点，可能降低网络的可靠性和有效性。显然，如果能根据节点感知数据的特性并结合节点位置信息准确划分节点类别且不影响网络的服务质量，从而精确控制冗余节点并对其实施活动和休眠调度，这无疑会降低网络能耗并减少网络信道拥塞的风险。

为此，本章提出根据节点感知数据，利用误差函数和模糊关联函数获取节点感知数据的综合支持度，并结合综合支持度增量，实现簇内节点的分类处理：暂时或永久关闭冲突节点，保留补充节点，周期性关闭或打开冗余节点，在不牺牲簇头融合数据精度的条件下，降低簇头与其成员数据的查询频率，这对改善网络能量效率将起到积极作用。

8.3　节点分类算法的设计

无论网络的分布情况和应用对象有何差异，用户关心的是查询对象的物理参数，这些参数都来自于大量传感器节点的感知数据，因此在实施节点分类时，应当充分考虑节点感知数据的特性。对于分布在某一区域的众多节点，图 8.1 为节点分布示意图。当其监测对象相同或相近时，多数节点的感知数据存在一定的关联性；同时，其感知数据的不确定性在一定程度上也存在关联性，节点感知数据关联性如图 8.2 所示。图 8.2（a）表明节点 N_i 和 N_j 的感知数据没有任何关联，图 8.2（b）表明节点 N_i 和 N_j 的感知数据具有一定的关联，图 8.2（c）表明节点 N_i 和 N_j 的感知数据具有很高的关联性。通过分析节点感知数据的关联性将能比较准确地获取节点的特性，从而实现节点快速分类。

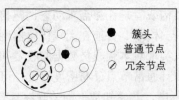

图 8.1　节点分布示意图

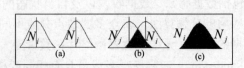

图 8.2　节点感知数据的关联性

8.3.1　节点感知数据的综合支持度

设 X_i、X_j 分别为节点 n_i、n_j 的感知数据，且各节点感知数据服从高斯分布，其概率分布函数分别为 $p_i(x)$、$p_j(x)$，其中 x_i、x_j 为其一次感知数据。则置信距离测度[11, 12]为：

$$d_{ij} = 2\int_{x_i}^{x_j} p_i(x|x_i)\,\mathrm{d}x$$
$$d_{ji} = 2\int_{x_j}^{x_i} p_j(x|x_j)\,\mathrm{d}x \tag{8.1}$$

其中

$$p_i(x|x_i) = \frac{1}{\sqrt{2\pi}\sigma_j} e^{-\frac{1}{2}(\frac{x-xi}{\sigma i})^2}$$

$$p_j(x|x_j) = \frac{1}{\sqrt{2\pi}\sigma_j} e^{-\frac{1}{2}(\frac{x-xj}{\sigma_j})^2}$$

d_{ij} 为节点 n_i 与 n_j 的感知数据置信距离测度，可由误差函数直接求取，即：

$$d_{ij} = erf[\left|\frac{x_j - x_i}{\sqrt{2}\sigma_i}\right|]$$

$$d_{ji} = erf[\left|\frac{x_i - x_j}{\sqrt{2}\sigma_j}\right|] \tag{8.2}$$

由式（8.2）可知，$0 \leqslant d_{ij} \leqslant 1$，$d_{ij}$ 越小说明节点 n_i 被节点 n_j 支持的程度越高。令 $r_{ij} = 1 - d_{ij}$，则对于有 n 个节点的网络，其关联矩阵 $\boldsymbol{R}$ 可表示为：

$$\boldsymbol{R} = \begin{bmatrix} r_{11} & r_{12} & r_{13} \cdots & r_{1n} \\ r_{21} & r_{22} & r_{23} \cdots & r_{2n} \\ \vdots & \vdots & \vdots \cdots & \vdots \\ r_{n1} & r_{n2} & r_{n3} \cdots & r_{nn} \end{bmatrix} \tag{8.3}$$

其中，r_{ij} 表示第 i 个节点对第 j 个节点的支持程度，r_{ij} 越大，支持程度越高。式（8.3）中 r_{ij} 反映了节点 i 被节点 j 的支持程度，但无法综合权衡该节点感知数据的有效性，文献[13, 14]采用模糊理论中的相关性函数确定第 i 个节点感知数据被其他节点所支持的程度。令 $s(i|j) = r_{ij}$，相关性函数可定义为：

$$s(i|j) = s(i|j)/\max[s(i|j), s(j|i)] \tag{8.4}$$

节点 i 的综合支持度为：

$$\beta_i = \min(s(i|j)), j = 1, 2, \cdots n \tag{8.5}$$

显然，β_i 越大，则该节点感知数据被其他节点支持的程度越高，其数据为可靠数据；反之，为不可靠数据，应当就地丢弃。

对于节点高密分布的网络，如果簇头每轮都接收来自其成员的数据并计算其综合支持度，一方面簇头计算处理能耗急剧增加；另一方，簇间通信能耗并没有改善，且导致簇头能量将急剧下降，进而过早失去功效。显然，这反而不利于簇内的数据管理。由式（8.5）计算得到的各节点综合支持度 β_i 满足 $0<\beta_i\leqslant 1$，因此，可以根据该支持度确定节点类型。设参数 ε_1、ε_2 为综合支持度的两个阈值，满足条件：$0\leqslant\varepsilon_1<\varepsilon_2\leqslant 1$。当节点综合支持度满足 $\beta_i<\varepsilon_1$ 时，为冲突节点；当节点综合支持度满足 $\varepsilon_1\leqslant\beta_i<\varepsilon_2$ 时，为补充节点；当节点综合支持度满足 $\varepsilon_2\leqslant\beta_i$ 时，为可靠节点，即：

$$\begin{cases}\text{冲突节点,} & \beta_i<\varepsilon_1\\ \text{补充节点,} & \varepsilon_1\leqslant\beta_i<\varepsilon_2\\ \text{可靠节点,} & \varepsilon_2\leqslant\beta_i\end{cases} \tag{8.6}$$

当簇头接收到所有成员的感知数据后，开始进行该簇数据的分析和处理工作。在感知数据的分析和处理过程中，冲突节点的数据不利于提高簇头融合数据的精度，因此在簇头融合成员数据前，应当剔除冲突节点的数据。此外，在分布密度大的簇内，具有覆盖范围相同或相近的节点数目较多，在网络运行早期，节点剩余能量较多，多数处于正常状态，从而导致这些节点感知数据的关联度很强，其综合支持度都很高。如果这些节点的感知数据每轮都发送到簇头，这不利于降低簇内通信能耗。为降低簇内数据收发量，可以将具有高综合支持度的节点划分为活动节点和冗余节点（处于休眠状态），并设置活动与休眠的调度周期。令 φ 为冗余节点占可靠节点总数 n_H 的百分比，T_r 为簇头的工作轮回周期，冗余节点的休眠时间为 T_{off}，则有：

$$\begin{cases}\varphi=\dfrac{\text{冗余节点数目}}{n_H}\times 100\%\\ T_{off}=v\times T_r\end{cases} \tag{8.7}$$

其中，$v=2,3,\cdots$，该参数与节点剩余能量相关。节点在剩余能量较少时，感知数据的偏差较大，此时 v 取值应当偏小；反之，v 取值较大。在实际应用中，由于环境的干扰，某些节点可能在一段时间出现感知数据偏差较大，其综合支持度降低，但这并不能说明该节点彻底失去功能，因此在网络工作早期，对于综合支持度较低的节点也应当考虑活动和休眠的调度机制。当其感知数据的综合支持度小于 ε_1 时，由簇头通知其在下一个轮回进入休眠状态。为计算方便，设冲突节点的休眠时间和冗余节点的休眠时间机制相同，即 $T_{off}=v\times T_r$，其中 T_r 为簇中数据查询的轮回周期。

8.3.2 休眠节点数目确定

由上面讨论可知，在一个簇内需要进入休眠状态的节点包括两部分：冲突节点和冗余节点。式（8.5）可以计算得到各个节点的综合支持度，由于节点物理特性的差异性，其综合支持度不尽相同，可靠数据最小综合支持度 ε_2 的选取对于节点分类有重要的影响。如果 ε_2 选取太小，大量节点感知数据被视为有效数据，难以对节点感知数据进行准确筛选，进而划分出大量冗余的节点并将其进行周期性活动/休眠调度。在大量冗余节点休眠阶段，簇头融合数据的精度会降低，并可能导致网络覆盖出现大量感知盲点，从而降低了网络的有效性。ε_2 选取太大，尽管确定了具有高可靠数据的节点，但冗余节点数目较少，使网络中仍然有大量活动节点具有相同或相近的感知区域，其冗余数据依然存在，这对于减少簇内通信量和降低通信能耗并不理想。因此，可靠节点最小综合支持度 ε_2 的合理选取与网络覆盖和网络性能有着密切关系。由于此处冗余节点并没有考虑节点的物理位置信息，而是从感知数据关联性计算得到。然而，冗余节点的关闭必须考虑感知区域的覆盖问题。文献[15]的李明等作者提出了一个数学模型，使得只要已知监测范围和节点感知半径的比值，就可以计算出达到服务质量期望所需的节点数量。假设网络中节点呈泊松分布，分布子区域的面积为 $S = \pi R^2$，节点感知半径为 R_s，文献[16, 17]给出了传感器网络所提供的服务质量期望满足：

$$Q = 1 - e^{-\lambda \pi R_s^2} \tag{8.8}$$

其中，λ 为满足期望的服务质量的节点密度。设满足期望服务质量的可靠节点数为 n_r，则有 $\lambda = n_r / \pi R^2$，则式（8.8）可表示为：

$$Q = 1 - e^{-\frac{n_r \times R_s^r}{R^2}} \tag{8.9}$$

则在给定期望服务质量的条件下，可靠节点数目 n_r 必须满足：

$$n_r \geq \frac{R^2}{R_s^2} \ln[(1-Q)^{-1}] \tag{8.10}$$

由式（8.10）可知，当确定了满足覆盖要求的最少可靠节点数目后，ε_2 取值已经给出了限制条件。如果可靠节点数目小于或等于 n_r，则不存在冗余节点；反之，存在冗余节点。令（$n_H - n_r$）的可靠节点为候选冗余节点。在实际运行中，如果将所有的候选冗余节点划为全部关闭，可能会导致网络覆盖出现较多的盲区，同时可能降低簇头融合数据的精度，因此，需要根据实际情况在候选冗余节点中选取部分或全为冗余节点。而在节点高密分布的网络运行早期，正常情况下节点感知数据的综合支持度通常比较高，此时存在较多的可靠节点。则冗余节点数目 n_f 占候选冗余节点数目（$n_H - n_r$）的百分比 α 的取值应当满足：

$$\begin{cases} \alpha = \dfrac{n_f}{n_H - n_r} \times 100\% \\ n_r = \dfrac{R^2}{R_s^2} \ln[(1-Q)^{-1}] \end{cases} \tag{8.11}$$

式（8.7）的参数 φ 与式（8.11）中的参数 α 具有关联性，但后者更能反映冗余节点与候选冗余节点的关系，因此在后面的讨论中使用 α 来描述冗余节点所占比例。由于节点分布的随机性和分布区域形状的不同，同时为提高簇头融合数据的精度，在实际应用中，通常保留的可靠节点数目要大于 n_r，因此冗余节点数目需满足 $n_f < n_H - n_r$。当网络中节点数目极少时，如果仍然考虑冗余节点控制，这反而带来簇头融合数据精度的急剧下降，进而失去分类的意义。例如，某簇中存在 3 个节点，如果去除一个冗余节点，其融合数据精度的可靠性将无法得到保障。冗余节点的具体选取将在下一节讨论。

根据容错理论[13]，若某一个传感器数据和总节点数目 1/3 以上的传感器数据冲突，该节点的数据应当删除。由式（8.5）计算得到的节点综合支持度反应的节点感知数据是否与其他节点冲突，综合支持度越小，则可以认为冲突越大，因此，对于支持度最小的 1/3 的节点可以认为其感知数据与其他节点冲突。由于节点感知数据与其测量偏差密切相关；同时，多数应用中，节点分布具有较强的随机性，导致少数节点在正常情况下感知数据综合支持度极低，为提高簇头融合数据的精度，需要考虑节点平均支持度。在式（8.5）中计算的节点综合支持度满足 $0 < \beta_i \leq 1$，节点的平均综合支持度 ε 表示为：

$$\varepsilon = \frac{\sum_{i=1}^{n} \beta_i}{n} \tag{8.12}$$

设补充节点数目为 n_M，显然，为满足冲突节点数目 n_L 不超过总节点数目 n 的 $1/3$，则阈值 ε_1 和 n_L 应当满足下式

$$\begin{cases} n_L + n_M + n_H = n \\ \varepsilon_1 < \varepsilon \\ 2n_L < n_M + n_H \end{cases} \tag{8.13}$$

式（8.13）给出了冲突节点的最大数目的基本控制规则。在早期运行的无线传感器网络中，绝大多数节点正常工作，出现异常感知数据的节点通常较少，因此，将如此高比例的节点划分为冲突节点并不利于准确反映被观测对象的实际情况。因此，针对具体应用，ε_1 的选取在满足式（8.13）的条件下，还应当作适当的调整：如果传感器测量偏差都在容许范围且被观测对象的数据变化微小或缓慢，如天然气产区泄漏的一氧化碳浓度监测、冰川的物理参数监测等，则多数传感器具有较高支持程度，ε_1 取值可以较大；而对于被测对象的数据变化频繁、幅度较大且实时性要求较高的场合，ε_1 取值应当较小。当选定 ε_1 后，不可靠节点也就完全确定了。

8.3.3　休眠节点规则确定

式（8.7）给出了不可靠节点和冗余节点休眠时间的计算方式，但具体哪些节点应当休眠，或者哪些节点应当首先考虑休眠，哪些节点应当作为休眠候选节点仍需要相应规则。对于一个可靠节点和不可靠节点，其综合支持度改变情况各有不同。令 $\Delta\beta_i(k)$ 为节点综合支持度的增量，其中 i 为节点编号，k 为采样时间序列，则

$$\Delta\beta_i(k) = \beta_i(k) - \beta_i(k-1) \tag{8.14}$$

$\Delta\beta_i(k)$ 在一定程度上反映了各节点感知数据综合支持度的变化趋势。由式（8.14）可知，综合支持度增量有 3 种情况：$\Delta\beta_i(k) > 0$，$\Delta\beta_i(k) = 0$ 和 $\Delta\beta_i(k) < 0$。

根据历史的综合支持度，可估计出未来各个节点与其他节点感知数据的支持度变化情况。如果某节点当前感知数据比其他节点支持的程度低，同时其综合支持度增量 $\Delta\beta_i(k) < 0$，则说明该节点未来数据被其他节点支持的程度将降低，则该节点在下轮数据查询过程中，其感知数据支持度可能继续降低，该节点感知数据应当就地丢弃，不需要发送给簇头。这样，不仅减少了簇头和普通节点通信频率，同时不影响簇头数据融合的精度。根据节点综合支持度 β 及其增量 $\Delta\beta$ 的关系，对节点休眠优先级 σ 作如下定义：

（1）$\sigma = 0$，该节点不参与休眠调度；

（2）$\sigma = 1$，该节点具有休眠可能，优先级最低；

（3）$\sigma = 2$，该节点具有休眠可能，优先级居中；

（4）$\sigma = 3$，该节点具有休眠可能，优先级最高。

结合节点感知数据综合支持度及其增量的具体取值，其行为控制分为以下几种情况。

（a）$\beta_i(k) < \varepsilon_1$ 且 $\Delta\beta_i(k) < 0$。说明该节点感知数据综合支持度低且未来感知数据的综合支持度将继续变差，该节点感知数据不参与簇头本次的数据融合，簇头发送命令通知该节点暂时或永久性关闭，休眠优先级 $\sigma = 3$。

（b）$\beta_i(k) < \varepsilon_1$ 且 $\Delta\beta_i(k) = 0$。说明该节点感知数据综合支持度低且未来感知数据的综合支持度将维持现状，该节点感知数据不参与簇头本次的数据融合，簇头发送命令通知该节点暂时或永久性关闭，休眠优先级 $\sigma = 2$。

（c）$\beta_i(k) < \varepsilon_1$ 且 $\Delta\beta_i(k) > 0$。说明该节点感知数据综合支持度低但未来感知数据的综合支持度将增加，该节点感知数据不参与本次数据融合，休眠优先级 $\sigma = 1$。

（d）$\varepsilon_1 \leqslant \beta_i(k) < \varepsilon_2$。说明该节点为补充节点，需在下一个轮回继续向簇头发送感知数据，休眠优先级 $\sigma = 0$。

（e）$\beta_i(k) \geqslant \varepsilon_2$ 且 $\Delta\beta_i(k) > 0$。说明该节点感知数据综合支持度高且未来感知数据的综合支持度可能继续增加，该节点感知数据参与本次数据融合。该节点可以为候选冗余节点，休眠优先级 $\sigma = 3$。

（f）$\beta_i(k) \geqslant \varepsilon_2$ 且 $\Delta\beta_i(k) = 0$。说明该节点感知数据综合支持度高且未来感知数据的综合支持度可能保持不变，该节点感知数据参与本次数据融合。该节点可以为候选冗余节点，休眠优先级 $\sigma = 2$。

（g）$\beta_i(k) \geqslant \varepsilon_2$ 且 $\Delta\beta_i(k) < 0$。说明该节点感知数据综合支持度高但未来感知数据的综合支持度将降低，该节点仍然可以划分为候选冗余节点，休眠优先级 $\sigma = 1$。

根据节点综合支持度 β 及其增量 $\Delta\beta$ 的关系，休眠节点的控制规则如表 8.1 所示。其中，对于情况（a），如果节点处于活动早期或剩余能量较多时，可能由于环境有较大干扰，出现异常数据，这时可以将该节点休眠一段时间后重新查询数据并计算其综合支持度；当然，如果节点剩余能量不足，其感知行为异常，所得到的感知数据本身就不够准确，该节点已经处于失效状态，应当永久性关闭，减少簇头数据查询和数据处理。

表 8.1   休眠节点的控制规则如表

β \ $\Delta\beta$	<0	=0	>0
$\beta \geqslant \varepsilon_2$	$\sigma = 1$	$\sigma = 2$	$\sigma = 3$
$\varepsilon_1 \leqslant \beta < \varepsilon_2$	$\sigma = 0$	$\sigma = 0$	$\sigma = 0$
$\beta < \varepsilon_1$	$\sigma = 3$	$\sigma = 2$	$\sigma = 1$

在实际应用中，如果能够比较准确地控制 ε_1，可以修改表 8.1 的控制规则，减少判定条件，如只要节点的感知数据综合支持度 $\beta_i < \varepsilon_1$，即可进行休眠调度控制，则表 8.1 可简化为表 8.2 的控制规则。

表 8.2   简化的休眠节点控制规则

β \ $\Delta\beta$	<0	=0	>0
$\beta \geqslant \varepsilon_2$	$\sigma = 1$	$\sigma = 2$	$\sigma = 3$
$\varepsilon_1 \leqslant \beta < \varepsilon_2$	$\sigma = 0$	$\sigma = 0$	$\sigma = 0$
$\beta < \varepsilon_1$	$\sigma = 3$	$\sigma = 3$	$\sigma = 3$

8.4　冗余节点的选取与调度

由上面讨论可知，同处一个簇内的节点，将由簇头划分为可靠节点、补充节点和冲突节点。对于综合支持度及其增量满足 $\beta_i(k) < \varepsilon_1$ 且 $\Delta\beta_i(k) < 0$ 的不可靠节点，其感知数据不利于簇头提高融合数据的精度，这些节点不论位于什么位置，应当暂时或永久关闭，以便降低簇内通信能耗和提高簇头融合数据的精度。覆盖控制作为无线传感器网络中的一个基本问题，反映了网络所能提供的"感知"服务质量，可以使无线传感器网络的空间资源得到优化分配，而更好地完成环境感知、信息获取和有效传输的任务[18]。然而，冗余节点的位置与休眠时间对于网络的覆盖和连通都有着直接的关系。如果将某一子区域的所有（$n_H - n_r$）可靠节点均划为冗余节点，尽管活动的可靠节点数目依然满足式（8.10），但会造成网络实际覆盖面减小，进而出现较多的盲点，这会降低网络的服务质量。此外，由于传感器测量偏差各异，在网络运行中，节点感知数据综合支持度会出现跳变，这导致候选冗余节点数目动态改变，进而被划为冗余节点的数目也将不确定。因此，不太可能固定某些节点为冗余节点。再次，从节点能耗均衡考虑，任何一个节点不能长期扮演冗余角色，否则会出现某些可靠节点快速死亡，这显然不利于延长网络寿命，必须合理分配可靠节点担任冗余功能的次数，尽可能使簇内节点能耗均衡。

8.4.1　冗余节点的选取

根据无线传感器网络节点的不同配置方式可以分成确定性覆盖和随机覆盖两大类。确定性区域/点覆盖是指已知节点位置的传感器网络要完成目标区域或目标点的覆盖[19-21]。在这类覆盖中，节点位置的分配大多根据任务或观测目标人为确定。在许多实际自然环境中，由于网络情况不能预先确定且多数确定性覆盖模型会给网络带来对称性与周期性特征，从而掩盖了某些网络拓扑的实际特性，导致采用确定性覆盖在实际应用中具有很大的局限性，很难适用于环境恶劣的场所。针对以上节点类型的划分规则，可靠节点的产生位置本身带有较强的随机性，因此在划分冗余节点位置时不适合采用固定位置确定。

由于感知数据综合支持度低的冲突节点其数据被视为无效，因此这些节点感知范围或者其覆盖区域对于网络已经无效；而对于补充节点，在休眠规则中规定这些节点不参与休眠调度，因此这些节点并不改变网络的覆盖状况；而影响网络覆盖的是冗余节点。假定监测区域是半径为 R 的圆形区域，在该区域上存在 n_H 个可靠节点，每个节点的坐标均已知，节点感知半径均为 R_s，可靠节点分布示意图如图 8.3（a）所示。由式（8.10）计算得到在给定服务质量下的最少节点数目满足 $n_r \geq n_H$，显然，所有可靠节点均需保留；反之，可以划分部分节点为冗余节点。由图 8.3（a）可知，在尽可能提高网络覆盖度的前提下，将具有最多覆盖重叠的节点划分为冗余节点，如图 8.3（b）所示，将能减少由于关闭冗余节点带来覆盖度降低的风险。

如果将图 8.3（b）的冗余节点关闭，则可靠节点新的分布情况如图 8.3（c）所示。比较图 8.3 可知，冗余节点划分关键点是判定哪些节点的感知范围与其他节点具有最多的重叠区域。

设节点 n_i 和 n_j 的坐标分别为 (x_i, y_i)、(x_j, y_j)，分布如图 8.4 所示，图中阴影部分为两个点的感知重叠区域。设节点 n_i 和 n_j 的中心距离为 g_{ij} ，则 g_{ij} 可表示为：

$$g_{ij} = \sqrt{(x_i - x_j)^2 + (y_i - y_j)^2}$$ （8.15）

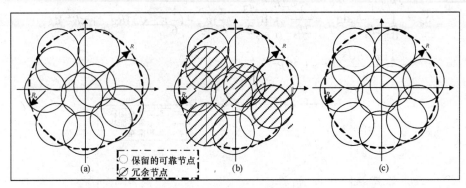

图 8.3　可靠节点的分布示意图

设阴影部分面积为 S_d 。由图 8.4 可知，当 $g_{ij} > 2R_s$ ，则节点 n_i 和 n_j 没有重叠区域，其重叠区域面积为 $S_d = 0$ ；当 $0 \leqslant g_{ij} \leqslant 2R_s$ ，则节点 n_i 和 n_j 重叠区域，其重叠区域面积 S_d 可表示为：

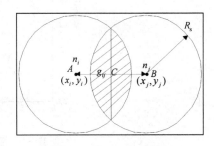

$$S_d = 2R_s^2 \arccos \frac{g_{ij}}{2R_s} - \frac{g_{ij}}{2}\sqrt{4R_s^2 - g_{ij}^2}$$ （8.16）

如果 $g_{ij} = 0$ ，则节点 n_i 和 n_j 完全重叠，其重叠区域

图 8.4　节点 n_i 和 n_j 的位置关系

面积为 $S_d = \pi R_s^2$ 。由于式（8.17）中存在反三角函数，在比较各节点感知重叠区域时，计算复杂。现采用曲线拟合机制，令重叠区域的近似面积 $\tilde{S}_d$ 为：

$$\tilde{S}_d = a \times g_{ij}^2 + b \times g_{ij} + C$$ （8.17）

其中 a 、 b 、 c 为待求参数。在式（8.17）中，存在如下关系：

$$S_d = \begin{cases} \pi R_s^2, & \text{when } g_{ij} = 0 \\ 0, & \text{when } g_{ij} = 2R_s \\ 2\pi R_s^2/3 - \sqrt{3}R_s^2/2, & \text{when } g_{ij} = R_s \end{cases}$$ （8.18）

将式（8.19）的参数代入式（8.18），式（8.18）可以写为：

$$\tilde{S}_d = (\frac{\sqrt{3}}{2} - \frac{\pi}{6})g_{ij}^2 - (\frac{1}{6}\pi + \sqrt{3})R_s g_{ij} + \pi R_s^2$$

$$\approx 0.34 g_{ij}^2 - 2.26 R_s g_{ij} + \pi R_s^2$$ （8.19）

令面积偏差为 $\Delta S = S_d - \tilde{S}_d$ 。设 $R_s = 20\,\text{m}$ ，重叠区域面积 S_d ，近似面积 $\tilde{S}_d$ 和面积偏差 ΔS 随中心距离 g_{ij} 的变化情况如图 8.5 所示。

从图 8.5 可以看出，真实重叠覆盖和近似重叠覆盖面积偏差非常小，而近似覆盖重叠面积计算公式相对简单，下面将用式（8.20）分析冗余节点的选取标准。

在 8.3.3 小节中，对于支持度及其增量满足 $\beta_i(k) \geqslant \varepsilon_2$ 且 $\Delta\beta_i(k) \geqslant 0$ 的可靠节点在休眠规

则表中被定义为候选冗余节点。由于节点中心间距取决于节点分布情况，设节点中心距离 g_{ij} 在区间$[0, 2R_s]$服从均匀分布，则重叠区域面积的均值可表示为：

$$\overline{S}_d = \int_0^{2R_s} \frac{1}{2R_s} \tilde{S}_d \mathrm{d}g_{ij} = \frac{1}{2R_s} \int_0^{2R_s} [(\frac{\sqrt{3}}{2} - \frac{\pi}{6})g_{ij}^2 - (\frac{1}{6}\pi + \sqrt{3})Rg_{ij} + \pi R^2]\mathrm{d}g_{ij}$$

$$= \frac{11\pi - 6\sqrt{3}}{18} R_s^2 \approx 1.29 R_s^2$$

（8.20）

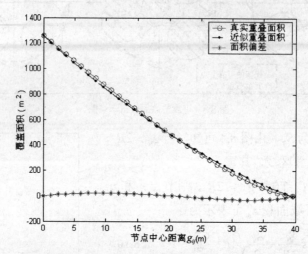

图 8.5　覆盖重叠面积与节点中心距离 g_{ij} 的关系

　　由于节点随机分布，要保证簇中节点在每个轮回都具有最大覆盖面积，必然要求某些感知重叠范围最小的候选冗余节点长期工作，这会造成这类节点能量消耗较快，对于簇内节点能耗均衡不利。但在节点工作早期，在考虑覆盖面积最大化的条件下，完全可以将感知覆盖重叠范围较大的可靠节点划分为冗余节点。

　　设候选冗余节点 n_i 感知范围内的邻居节点数目为 n_d，则节点 n_i 总的重叠覆盖面积 S_i 可表示为：

$$S_i = \sum \tilde{S}_d = 0.34 \sum_{j=1, j \neq i}^{n_d} g_{ij}^2 - 2.26 R_s \sum_{j=1, j \neq i}^{j=n_d} g_{ij} + n_d . \pi R_s^2$$

（8.21）

　　显然，对于一个满足候选冗余的节点，当节点中心距离 $g_{ij} > 2R_s$，其重叠面积为 0，说明该节点位于相对孤立的位置。如果该节点关闭，必然造成面积为 πR_s^2 的覆盖盲区，这类可靠节点不应当是首先关闭的节点；而如果该节点感知重叠面积 $S_i \geqslant \overline{S}_d$，说明该节点被其他候选冗余节点感知覆盖重叠范围较大或与多个候选冗余节点具有相同的覆盖范围，关闭这类节点所带来的覆盖丢失面积较小，因此，这些节点应当优先考虑进入休眠状态。由第 3 章分析可知，在网络分簇构造阶段，簇头和成员均需要发送和接收广播消息，各个节点可以根据接收邻居节点信号的强度（RSSI）近似判断与其相隔距离，并由式（8.22）计算出感知覆盖重叠面积大小。如果各候选冗余节点直接发送其覆盖重叠面积，势必增加簇头的计算负荷，因此，各候选冗余节点将其计算得到的 S_i 与覆盖均值进行比较，并将比较结果发送给簇头。簇头根据该结果并结合冗余节点百分比 α，将覆盖重叠面积大的节点确定为冗余节点，并通知其在后续的轮回中进行休眠/活动切换。无线传感器网络在运行中，簇内节点能耗均衡一直是研究者的重点研究内容。假设网络运行中各节点工作平稳，候选冗余节点数目相对稳定，为平衡候选冗余节点能耗，通常将候选冗余节点的一半划为冗余节点，即 $\alpha = a_{max} / 2$，则簇头直接将候选冗余节点中感知覆盖重叠面积较大的 50%划分为冗余节点，并通知相应的节点。

设节点总数为 30，各节点感知半径为 20 m，节点随机分布环境为半径 60 m 的圆形区域，节点分布情况如图 8.6 所示；感知覆盖重叠面积和各个节点感知覆盖重叠面积如图 8.7 所示。

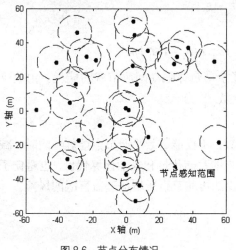

图 8.6　节点分布情况

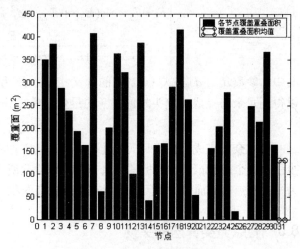

图 8.7　节点感知覆盖重叠面积

从图 8.6 中节点的实际分布位置可以看出，有两个节点没有与其他节点有重叠覆盖区域，这与图 8.7 中统计结果一致。图 8.7 中有 7 个节点的感知覆盖重叠面积小于覆盖重叠面积的均值。显然，这些节点如果是候选冗余节点，则在运行早期应当处于活动状态。

8.4.2　冗余节点的调度控制

在一个相对稳定的网络中，如果各个节点感知误差都在容许范围内，候选冗余节点的综合支持度处于相对平稳状态，因此，某些冗余节点在后续的工作中可能再次成为冗余节点。而任何一个节点不能长期扮演冗余角色，否则会出现某些可靠节点快速死亡，这显然不利于延长网络寿命，必须合理分配可靠节点成为冗余节点的次数，尽可能使簇内节点能耗均衡。但另外一方面，从覆盖度考虑，关闭具有较大覆盖重叠面积的冗余节点能降低出现较大盲区的风险，显然这两者出现矛盾。因此，如何调度冗余节点对网络性能的至关重要。

在本书第 6 章中提出了如果簇头连续担任本地控制中心，将能有效降低簇头更换频率。如果簇头一直担任本地控制中心直至其能量耗尽，其能量消耗速度急剧增加，这势必缩短其生存时间，进一步影响网络寿命。如果能够计算簇头连续担任本地控制中心的最优次数，不仅会有效降低网络的广播能耗，还能有效提高网络能量效率和网络寿命。设冗余节点连续在担任簇头前休眠次数为 T_x，在式（8.7）中给出了休眠时间的计算方法，即 $T_{off} = v \times T_r$，则该冗余节点总的休眠时间 T_a 可表示为：

$$T_a = T_x \times T_{off} \tag{8.22}$$

则该冗余节点向簇头发送数据的次数与其他非冗余的可靠节点相比少了 $T_x \times v$ 次。由于节点类别动态性较强，因此，实时调整各个节点连续担任簇头的最优次数不太现实。但当前簇头在其连续担任本地控制中心次数到达最优值时可以统计出在每个轮回中与其进行通信的普通节点平均数目 n_a，为简化计算，在簇头切换前，当前簇头将参数 n_a 转发到成为候选簇头的冗余节点。该冗余节点利用式（8.23）记录其总的休眠时间，在其担任簇头时，将休眠时间所节省的能量折算为担任簇头的工作次数 f_x，则该簇头在原有计算的连续担任簇头最优工作次数 f_0 再增加 f_x 次。f_x 可由下式计算得到：

$$\begin{cases} E_s = T_x \times v \times (E_{cpu} + E_{amp} \times d_1^2 + E_{elec})k \\ f_x \approx \dfrac{E_s}{\{(2n_a - 1)(E_{elec} + E_{cpu}) + E_{amp}[d_0^2 + (n_a - 1)d_1^2]\}k} \end{cases} \tag{8.23}$$

其中，参数 d_1、d_0 与式（6.27）的含义相同，E_s 为冗余节点休眠期间所节省的能耗。由此可以得到冗余节点成为簇头时，其新的最优连续工作次数 f_{on} 为

$$f_{on} = f_0 + f_x \tag{8.24}$$

当冗余节点成为簇头时，通过增加其连续工作次数，不仅能有效平衡节点能耗；同时，减少了上一个簇头记录和分析各冗余节点工作次数所带来的存储代价和复杂计算代价，也避免了为平衡节点能耗而强行关闭某些具有覆盖重叠面积较少的可靠节点所增加覆盖盲区的风险。

8.5 节点分类算法的实现

传感器网络节点数目庞大，从式（8.3）关联矩阵 R 计算可知，不太可能实现网络所有节点综合支持度的计算，而节点分类应当尽量缩小计算范围。通常感知数据具有较强关联性的节点位于相同簇内，因此节点分类算法应当针对分布在相同簇中的节点。为此，本章的节点分类算法在本文第 3 章所提出的静态分簇模型中实现。

设普通节点总数为 n，在簇头查询和接收其成员感知数据的第一和第二轮后，簇头由式（8.5）快速计算出各个成员的感知数据综合支持度 $\beta_i(1)$ 和 $\beta_i(2)$，并由式（8.11）～式（8.13）计算得到 ε_1 和 ε_2，初步将成员分为综合支持度低、中和高 3 类，并记录各节点 ID 和与之对应的综合支持度。由式（8.14）计算得到各个节点综合支持度增量的变化情况，并根据控制规则表通知其成员在下一轮的工作状态。当前簇头连续工作次数到达最优次数时，由候选簇头在下一轮回中替换当前簇头，当前簇头将各个节点感知数据的综合支持度发送到候选簇头，候选簇头在下一个轮回中开始按照相同的方式进行计算和处理各类节点。簇头及其成员的工作示意图如图 8.8 所示。

簇头及其成员的数据收发流程图如图 8.9 所示。其中，图 8.9（a）描述簇头接收和分析成员数据的流程，图 8.9（b）描述普通节点向簇头发送数据的流程，对应的算法运行于每个普通节点。图 8.9（a）中，簇头在进行新一轮综合支持度计

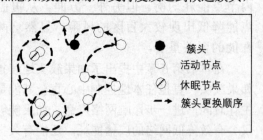

图 8.8 簇头及其成员的工作示意图

算和节点分类时，需要重新接收各个成员的感知数据至少两个轮回，当然可以根据实际情况调整该轮回次数。由于存在冗余节点和冲突节点的休眠情况，簇头在其连续工作次数未到达最优值时，其能耗将远低于非休眠方式的。因此，该分类方式将有助于延长网络连通和均衡

节点能耗。冗余节点采用计数器记录其总的休眠次数，并将休眠所减少的能耗折算到其担任簇头的次数，通过增加其担任簇头的次数从而实现簇内节点能耗均衡。

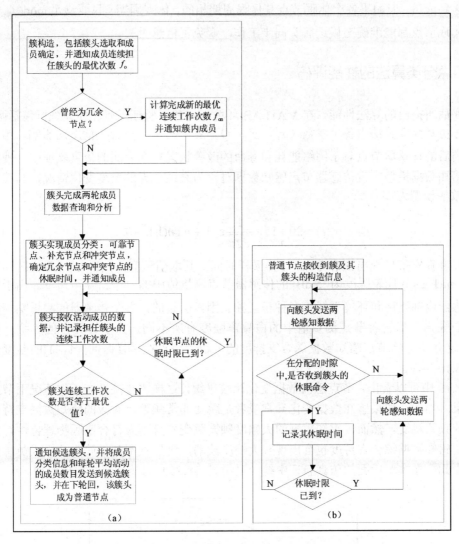

图 8.9 簇头及其成员数据收发流程图

由于冗余节点的调度方式特殊，簇头在整个过程中需要统计每轮回与其通信的普通节点数目，并在其连续工作次数到达最优值时需要将每轮活动的平均成员数目通知给候选簇头。而候选簇头有两类：冗余节点或活动的非冗余节点。如果候选簇头为非冗余节点，则其在前面的工作轮回中没有进行休眠，其能量消耗为正常情况，因此，该节点不需要增加其连续担任簇头的次数；相反，如果该候选簇头为冗余节点，则根据式（8.24）重新计算得到其连续担任簇头的最优值，并将该值广播给簇内节点以及上下层簇的当前簇头。

在休眠节点控制规则中，通常采用冲突节点和冗余节点的休眠、活动间隔时间相同。这里有两个原因：第一，簇头由于计算各成员感知数据综合支持度，需要较大计算能耗，将休眠节点的活动、休眠设置相同，即只有一个全局参数 v，减少了簇头计算复杂度和降低簇头的存储信息代价；第二，由于簇头切换时，当前簇头需要将成员类别信息以及每轮平均活动节点数目告知候选簇头，而候选簇头可能需要重新计算连续担任簇头新的最优工作次数，并将该参数通知其成员。显然，如果各休眠节点休眠周期不同，候选簇头很难实现将这些参数准确发送到成员，但如果各个休眠节点其休眠周期相同，休眠周期 v 只要满足 $\mathrm{mod}(f_\mathrm{o}, v) = 0$，则各个休眠节点都能准确与候选簇头同步工作，避免了信息丢失。

8.6 节点分类算法的性能评估

为评估所提出的算法性能，在 MATLAB 环境下构建了验证场景。性能分析包括两部分：第一部分仿真验证算法中各个参数（ε_1，ε_2，Q，α）对于节点分类情况的影响，第二部分验证分类后的传感器节点对于网络能耗和寿命的改善状况。在后面的仿真验证中，使用相同的节点感知数据模型。设传感器节点感知数据对象为某地一天的温度变化情况，其感知数据 $x_i(t)$ 的数学模型为：

$$x_i(t) = 20 + 15 \times \frac{1}{\sqrt{2\pi}} \mathrm{e}^{-\frac{t^2}{2}} + wgn(1,1,-5) \tag{8.25}$$

其中，温度真实值呈现出正态分布，t 为采样时间，其取值区间为[-1, 1]，采样时间步距为 0.02。$wgn(1,1,-5)$ 代表强度为 -5 dB 的传感器节点测量值中的一个白噪声向量。由于测量噪声是传感器内部噪声和环境干扰等多种相互独立因素引起的，各个传感器的测量噪声为相互独立的白噪声，尽管各节点测量值中的白噪声强度有所不同，为了计算方便，统一设置为 -5 dB，这并不影响节点感知数据综合支持度的分析。节点在采样区间[-1, 1]的温度变化曲线如图 8.10 所示。

图 8.10 中可以看出，节点感知数据变化比较平缓，这样比较接近在正常情况下节点实际测试结果。当然，如果感知数据变化异常或者是跳变非常频繁，对应的感知数据支持度会出现同样的频繁跳变。然而，感知数据的大幅度频繁跳变本身不太符合实际物理特性，而且对应节点的感知数据综合支持度也会出现较大幅度波动，这显然不利于簇头分析成员感知数据情况。为此，在本章后面的仿真验证中统一采用式（8.25）的节点感知数据模型。

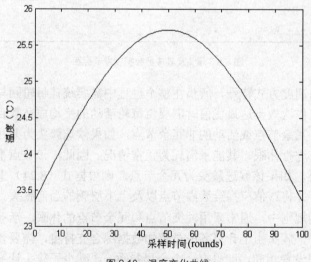

图 8.10　温度变化曲线

8.6.1　节点分类情况的验证

为简化计算，将所有节点配置在半径为 60 m 的一个圆形区域，且所有节点处于一个簇中。设节点感知半径为 20 m。各节点感知数据的样本方差为 100 次测试计算结果。节点总数 n 分别为 100、200、300，经过 100 轮测试，节点综合支持度和相应节点的平均数目统计如表 8.3 所示。

表 8.3　节点综合支持度和相应的节点数目

β ＼ n	$n = 100$	$n = 200$	$n = 300$
$0 < \beta < 0.4$	3	12	22
$0.4 \leqslant \beta < 0.7$	11	46	76
$0.7 \leqslant \beta < 1$	86	142	202

尽管仿真无法研究感知数据偏差与能耗关系，但从表 8.3 可以看出，多数节点感知数据综合支持度大于 0.7。当确定综合支持度最小的 1/3 的节点为不可靠节点时，阈值 ε_1 的变化情况如图 8.11 所示；与之相对应的节点平均综合支持度 ε 如图 8.12 所示。

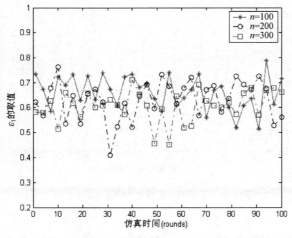

图 8.11　ε_1 的变化情况（$n_{\mathrm{L}}/n = 1/3$）

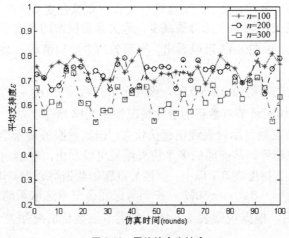

图 8.12　平均综合支持度

图 8.11 表明，节点感知数据变化过程中，ε_1 的值呈现波浪型变化，某些时刻 ε_1 取值较大，也存在取值较小的情况。节点数量增加时，占相同比例（1/3）的冲突节点的综合支持度取值较小的概率较大。图 8.11 中，当 n 分别为 100、200、300 时，在 100 轮测试中其 ε_1 的平均值分别为 0.687 6、0.659 1、0.624 3。

图 8.12 同样表明节点感知数据变化过程中，节点平均综合支持度呈现波浪型变化。图 8.12 中，当 n 分别为 100、200、300 时，在 100 轮测试中平均综合支持度的平均取值分别为 0.728 0、0.714 5、0.689 3。

要求服务质量的期望为 $Q = 0.95$，由式（8.11）计算得到需要的最少可靠节点数目为 $n_r = 27$。设 $\varepsilon_2 = 0.9$，将（$n_H - n_r$）全部定义为冗余节点，即 $\alpha = 1$，则在 100 轮仿真过程中，冗余节点数目变化情况如图 8.13 所示。

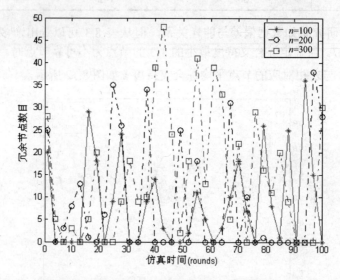

图 8.13　冗余节点数目（$Q = 0.9$，$\varepsilon_2 = 0.9$）

由于服务质量期望 Q 的取值都较大，n_r 取值较大，当某一节点感知数据出现较大偏差时会影响到其他节点感知数据综合支持度，这样造成具有高综合支持度的节点数目较少；同时，由于阈值 ε_2 的取值都较大，可靠节点总数减少，除去必须保留的可靠节点，冗余节点数目减少，甚至没有冗余节点。由图 8.13 可以看出，当服务质量期望值和 ε_2 较大时，其冗余节点数目变化起伏性较大。

设网络服务质量的期望值为 0.7～0.95，设冗余节点数目为 $(n_H - n_r)/2$，即 $\alpha = 50\%$，在 100 轮的测试中，其平均冗余节点数目的变化情况如图 8.14 所示。

图 8.14 中，冗余节点数目尽管表现出起伏状态，但随着服务质量期望值的提高，冗余节点数目整体呈现减少的趋势。从前面的多个仿真结果可以看出，在给定的仿真参数情况下，多数节点感知数据综合支持度在 0.7 以上，少数节点感知数据综合支持度在 0.4 以下，不妨设 $\varepsilon_1 = 0.4$，$\varepsilon_2 = 0.85$，$Q = 0.8$，$\alpha = 50\%$。在不考虑冗余节点选取策略的情况下，簇头在接收完第 3 轮成员数据后，根据规则表 8.1 统计各类节点数目情况如表 8.4、表 8.5 和表 8.6 所示。

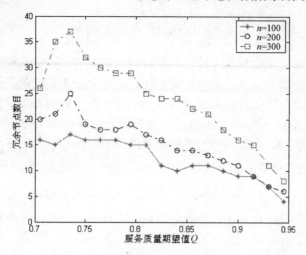

图 8.14　不同期望服务质量所对应的冗余节点

表 8.4　　　　　　　　　　　　　　　 **$n=100$ 的节点分类情况**

β \ Δβ	<0	=0	>0
$\beta \geqslant \varepsilon_2$	2	29	24
$\varepsilon_1 \leqslant \beta < \varepsilon_2$	14	12	10
$\beta < \varepsilon_1$	2	4	3

表 8.5　　　　　　　　　　　　　　　 **$n=200$ 的节点分类情况**

β \ Δβ	<0	=0	>0
$\beta \geqslant \varepsilon_2$	26	51	49
$\varepsilon_1 \leqslant \beta < \varepsilon_2$	21	11	16
$\beta < \varepsilon_1$	10	7	9

表 8.6　　　　　　　　　　　　　　　 **$n=300$ 的节点分类情况**

β \ Δβ	<0	=0	>0
$\beta \geqslant \varepsilon_2$	48	47	59
$\varepsilon_1 \leqslant \beta < \varepsilon_2$	26	31	35
$\beta < \varepsilon_1$	12	27	15

　　由式（8.10）计算可知 $n_r = 15$，由表 8.3、表 8.4 和表 8.5 可知总的可靠节点数目分别为 55、126 和 154。对于 $\Delta\beta \geqslant 0, \beta > 0$ 且使 $\alpha = 50\%$ 的可靠节点可划为冗余节点，在下一轮回进入休眠状态，其数目分别为 24、63 和 77。

8.6.2　节点分类对网络能耗和寿命的验证与分析

由于节点分类算法中节点综合支持度的计算量相对较大，不适合对网络中所有节点进行综合分析，否则会带来维数很大的矩阵运算。因此，节点分类算法的使用需与采用分簇构建的网络相结合，综合支持度的计算只针对各个簇，并由各个簇的簇头负责处理该簇成员的分类信息。首先验证算法在一个固定簇的性能。设簇的形状为 $R=30\,\mathrm{m}$ 的圆形区域。节点随机分布，各节点初始能量为 0.5J，收发的所有数据包长度为 1000 bit，$\gamma=2$，$E_{\mathrm{amp}}=0.659\,\mathrm{nJ/m^2/bit}$，$E_{\mathrm{elec}}=50\,\mathrm{nJ/bit}$，普通节点 $E_{\mathrm{cpu}}=7\,\mathrm{nJ/bit}$。由于簇头需要计算成员的感知数据综合支持度，令簇头的 $E_{\mathrm{cpu}}=14\,\mathrm{nJ/bit}$。设节点总数 $n=50$，节点感知半径 $R_s=10\,\mathrm{m}$。簇头采用第 3 章所提出的连续工作机制，由于节点分布在一个固定的簇中，簇头担任次序以节点编号为基准，即节点编号越小，则越早担任簇头。为比较算法测试结果的一致性，选取一组由随机函数产生的分布相对均匀的节点位置坐标，并直接令编号为 1 的节点担任初始化簇头。簇头及其成员的位置分布情况如图 8.15 所示。

图 8.15 中的由虚线所构成的圆形区域为各个节点的感知范围。设该簇的簇头到中继簇的簇头平均距离 d_0 为 50 m，并设节点间距离服从均匀分布，由图可知其距离最大值为 $30\sqrt{2}\,\mathrm{m}$，则簇头与成员的平均距离为 $15\sqrt{2}\approx21\,\mathrm{m}$，即第 3 章所提到的 $d_1=21\,\mathrm{m}$。设 $Q=0.8$，$\varepsilon_1=0.4$，$\varepsilon_2=0.85$，则 $n_r=15$。由式（6.27）计算得到各节点连续担任簇头的最优次数 $f_0=23$。由式（8.21）计算得到节点感知覆盖重叠面积的均值约为 $129\,\mathrm{m^2}$。由图 8.15 可知，直观看到在坐标中心附近存在大量的重叠范围，如果这些节点为冗余节点，网络运行中将关闭较多的节点。设候选冗余节点数目所占百分比 $\alpha=50\%$，且冗余节点必须是覆盖重叠范围较大的节点。休眠节点的休眠周期 $v=2$，且休眠与活动周期相同。当网络中第一个节点死亡时，网络中冲突节点数目和冗余节点数目如图 8.16 所示。各节点作为冗余节点的总次数如图 8.17 所示。

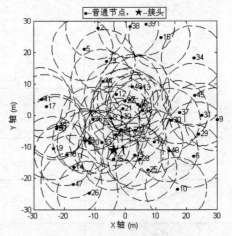

图 8.15　簇头及其成员的初始分布

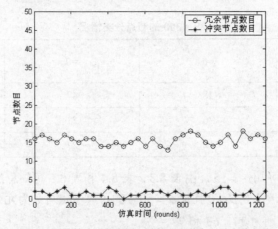

图 8.16　在网络第一个节点死亡前的冲突节点和冗余节点数目

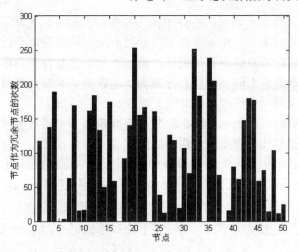

图 8.17 各节点作为冗余节点的总次数

由于 ε_1 的取值较小，因此图 8.16 中的冲突节点很少，在整个仿真过程中其平均冲突节点有两个；同时，ε_2 和覆盖期望均值 Q 取值较小，在整个过程中冗余节点平均数目为 16，占总节点数目的 32%。对于一个规模较小的网络，能周期性调度占总节点数目 32% 的冗余节点，簇头信道利用率将会显著提高，同时簇内的能量效率也将极大改善。在多次仿真结果中，第一个节点死亡时间在第 1 220～1 238 范围，具体死亡节点出现在图中编号为 5，9，10，26，34 这几个节点中。在图 8.15 中的节点位置分布中，编号为 9，10，26，34 节点处于边缘部分，当簇头位于相对远的位置时，这些节点在向簇头发送数据需要较多的能量；同时，这几个节点感知覆盖重叠面积较少，特别是节点 5，10、34 这两个节点在整个运行过程中成为冗余节点的概率相对较小，从图 8.17 中可以看到这些节点成为冗余节点的总次数较小，因此其能量消耗较其他节点要快得多，很快进入失效状态。

现不改变 ε_1 和 ε_2 的取值，将 Q 的取值范围设定为 0.8～0.95，并调整调整冗余节点数目的百分比 α。在不同条件下，第一个节点死亡时间的改变情况如图 8.18 所示。

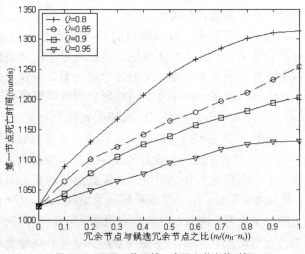

图 8.18 不同 Q 值下第一个死亡节点的时间

在图 8.18 中，当冗余节点数目的百分比 α 为 0 时，实际上只关闭了冲突节点，但由于冲突节点数目较少，使其与第 3 章在不考虑节点分类情况下的簇寿命相近，因此，在不同的期望服务质量下，第一死亡节点时间非常接近。而当冗余节点数目不为零时，随着服务质量期望值的提高，冗余节点数目下降，即参数 α 减小，则簇头活动节点数目增加，导致簇内能耗加大，对应簇的寿命（第一个死亡节点时间）缩短。

从上面的验证结果可以看出，在给定的节点密度条件下，随着服务质量期望值的提高，网络寿命缩短。但如果增加节点密度，在相同区域或一个簇，其冗余节点数目增加的可能性较大。现设 500 个节点分布在半径 $R = 100$ m 的圆形区域，节点的能耗电磁参数与上面设定相同，簇头的 $E_{cpu} = 14$ nJ/bit。节点感知半径可调，有效范围为[10 m，20 m]，网络服务质量期望值 Q 最小为 0.8。采用第 3 章的分簇算法实现网络拓扑管理。数据包长度 1 000 bit，广播消息长度为 200 bit，基站的坐标为 (0，0)。由表 6.1 计算结果可知，最优单跳距离 $d_{opt} = 12.73$ m。$m = R / d_{opt}$，得到 $7 < m < 8$，令 $m = 7$，则 $d_{1hop} = R / 7 = 14.29$ m $> d_{opt}$。由式（6.18）计算得到最优分簇角为 $\theta_{opt} = 48.87°$。为使处于同层的簇节点数目接近，令 $\theta = 60°$，则 $L = 7$，$S = 6$，所有节点被分成 42 个静态的簇，节点的分布情况如图 8.19 所示。

在图 8.19 中，基站位于坐标中心，由于位于第一层的各个簇面积（106.92 m²）最小，当 $Q = 0.8$ 时，所需的最少可靠节点数目 2，从图中可以看出，第一层各簇的节点数目分布为 3，3，3，4，4，4，因此，这些簇不需考虑去冗余节点。$\varepsilon_1 = 0.4$，$\varepsilon_2 = 0.85$，令服务质量期望值 $Q = 0.8$，节点感知半径 $R_s = 10$ m，节点分类和不分类所对应的网络寿命比较结果如图 8.20。

图 8.20 中，采用节点分类后的网络，第一个死亡节点的时间较没有分类的方式明显延长了，而且在仿真时间 t 处于 2 000～2 500 这一段中，分类后节点死亡变化情况比较平缓，原因是处于最外围的簇存活节点数目仍然较多且具有较多的

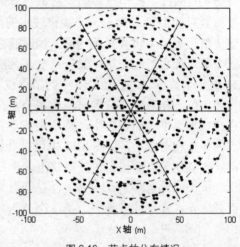

图 8.19　节点的分布情况

剩余能量，导致冗余节点数量相对较多，簇内通信能耗率相对较小。但仿真时间 t 从 2 500 到 3 000 的过程中，分类后的节点死亡速度非常快，其原因是采用分簇算法的簇头计算其成员的综合支持度消耗较大能耗，而处于这段时间的各个簇头剩余能量本来不多，而综合支持度的计算加速了这些节点的死亡速度。现针对不同的期望服务质量 Q 和不同的节点感知半径 R_s（m），网络寿命（第一节点死亡时间）对比情况如图 8.21 所示。

图 8.21 表明，在相同的较小的服务质量期望值条件下，节点感知半径越大，网络寿命越长。由式（8.10）和式（8.22）可知，在一个给定区域，感知半径越大，所需的最少可靠节点数目越少，同时各候选冗余节点覆盖重叠面积越大，因此划分的冗余节点数目越多，则簇内平均通信能耗率下降，网络寿命延长。但当服务质量期望值较大时（$Q = 0.95$），n_r 取值较大，则冗余节点数目急剧下降甚至没有；同时，由于 ε_1 取值为 $\varepsilon_1 = 0.4$，冲突节点数目较少，从而导致网络寿命将接近节点没有分类的情况，在图 8.20 中没有节点分类的网络寿命为 1 700 rounds。但从另一方面考虑，如果网络节点分布密度很大，即使服务质量期望值较大，仍然

可能存在较多的冗余节点，或者说当 ε_1 取值较大时，冲突节点数目增加，则节点分布较多的簇其总体能耗依然会显著降低，对应的网络寿命将会提高。

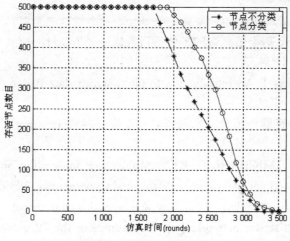

图 8.20　网络寿命对比结果

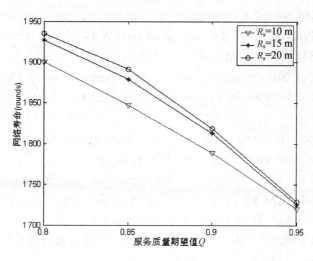

图 8.21　不同条件下的网络寿命比较

8.7　本章小结

本章提出了基于感知数据综合支持度的节点分类方法。该方法建立在节点感知数据的有效性基础上，利用误差函数和模糊关联函数，获取各个节点综合支持度，由此将节点分为可靠节点、补充节点和冲突节点，并给出了冲突节点和候选冗余节点数目的限制条件。此外，结合各节点综合支持度的变化情况给出了休眠节点调度规则。在可靠节点中，以服务质量期望值为条件，结合候选冗余节点感知覆盖重叠面积的大小确定出冗余节点，给出了冗余节点的调度机制，即各冗余节点记录其休眠次数并折算为应当增加担任簇头的次数，从而为簇内节点能耗均衡提供了可能，并降低了簇头的计算能耗。最后，通过设置不同的参数（Q，R_s），仿真验证了节点分类算法的可行性；同时，仿真结果表明节点分类算法能有效降低簇内通信能耗，并能显著延长网络寿命。

参考文献

[1] 刘敏华，萧德云.基于信息熵的多传感器数据分类方法[J]. 控制与决策，2006，21（4）：110-114.

[2] HallD L，L linas J. An introduction to multi-sensor data fusion [C]. Proceedings of the IEEE，1997，85（1）：6-23.

[3] 文成林. 多传感器单模型动态系统多尺度数据融合[J]. 电子学报，2001，29（3）：341-345.

[4] REN C. LUO，MICHAEL G. KEY. Multisensor integration and fusion in intelligent systems [J]. IEEE Transactions on Systems，Man，and Cybernetics，1989，19（5）：901-931.

[5] E. Shih，S. Cho，N. Ickes，et al. Physical layer driven protocol and algorithm design for energy-efficient wireless sensor networks [C]. Proceedings of the 7th Annual Int'l Conference on Mobile Computing and Networking（MobiCom 2001）. Rome：ACM Press，2001：272-287.

[6] D. Tian，N. Georganas. A coverage-preserving node scheduling scheme for large wireless sensor networks [C]. Proceedings of the 1st International Workshop on Wireless Sensor Networks and Applications（WSNA 2002）. Atlanta：ACM Press，2002：32-41.

[7] J. Lu，J. Wang, T. Suda. Scalable coverage maintenance for dense wireless sensor networks [J]. Journal on Wireless Communications and Networking，Hindawi Publishing Corporation，2007：1-12.

[8] M. Liu，J. Cao，Y. Zheng，et al. Analysis for multi-coverage problem in wireless sensor networks [J]. Journal of Software，2007，18（1）：127-136.

[9] Gao Y，Wu K，Li F. Analysis on the redundancy of wireless sensor networks [C]. Proceedings of the 2nd ACM Int'l Conference on Wireless Sensor Networks and Applications（WSNA 2003）. San Diego：ACM Press，2003：108-114.

[10] 李国华，刘宝玲，沈树群. 用于区域监测的无线传感器网络数据去冗余研究[J]. 微电子学与计算机，2005，22（9）：134-136.

[11] 禹春来，许化龙，黄世奇. 基于关系矩阵的多传感器数据融合方法[J]. 航空计算技术，2005，35（1）：23-26.

[12] 高方伟，刘贵喜，王蕾，等.基于支持度矩阵的一种多传感器融合方法[J]. 弹箭与制导学报，2007，27（4）：284-287.

[13] 王威，周军红，王润生. 多传感器数据融合的一种方法[J]. 传感器技术，2003，22（9）：39-41.

[14] 刘建书，李人厚，刘云龙，等. 基于相关性函数和模糊综合函数的多传感器数据融合[J]. 系统工程与电子技术，2006，28（7）：1006-1009.

[15] Oussalah M，De Schutter J. Hybrid fuzzy probabilistic data association filter and joint probabilistic data association filter [J]. Information Sciences，2002，142（1-4）：195-226.

[16] 刘明，曹建农，郑源. 无线传感器网络多重覆盖问题分析[J]. 软件学报，2007，18（1）：127-136.

[17] H. Koskinen. On the coverage of a random sensor network in a bounded domain [C]. Proceedings of ITC Specialist Seminar on Performance Evaluation of Wireless and Mobile Systems，2004.

[18] 任彦，张思东，张宏科. 无线传感器网络中覆盖控制理论与算法[J]. 软件学报，2006，17（3）：422-433.

[19] Kar K，Banerjee S. Node placement for connected coverage in sensor networks [C]. Crowcroft J，ed. Proceedings of the Modeling and Optimization in Mobile，Ad Hoc and Wireless Networks. Sophia-Antipolis：IEEE Press，2003：50-52.

[20] Gupta H，Das SR，Gu Q. Connected sensor cover：Self-organization of sensor networks for efficient query execution [C]. Proceedings of the ACM Int'l Symposium on Mobile Ad Hoc Networking and Computing. New York：ACM Press，2003：189-200.

[21] Huang CF，Tseng YC. A survey of solutions to the coverage problems in wireless sensor networks [J]. Journal of Internet Technology，2005，6（1）：1-8.

第9章 面向数据收集的节点数据预测算法

9.1 引言

　　无线传感器网络在观测区域节点数量通常庞大，尽管各节点测量偏差存在差异，但对于一个相对稳定的被监测对象，网络运行过程中可能出现收发大量的雷同数据甚至不必要的数据造成网络能量消耗。例如，监控高原冻土地带的温度、湿度或冰川变化情况，这些物理参数变化非常缓慢，对于观测者而言，观测数据的实时性和精度要求并不是特别高，没有必要在任何时候要求所有节点反馈其感知数据。此外，对于多数应用，不必要的信息反馈反而会导致查询者不断修改查询条件，进行观测区域或对象数据的多次查询，进而带来节点能量消耗增加，这显然对于能量有限的节点极为不利，并有可能导致信道阻塞。因此，在高密、实时性和精度要求不高的传感器网络应用中，节点数据预测技术能有效降低节点数据查询频率，减少节点能耗和降低网络信道拥塞的风险。

　　目前已有无线传感器网络节点感知数据预测算法出现。文献[1]提出采用自回归动态均值模型（Autoregressive Moving Average，ARMA）和径向基网络（Radial Basis Function Networks，RBFNs）实现自适应目标轨迹预测，节点通过 Fisher 信息矩阵评估目标位置偏差并发送到汇聚节点，最后由汇聚节点结合历史数据的分析结果预测出下一个周期的目标位置，从而减少了节点与汇聚节点的通信能耗。该算法由于其复杂的数据分析和计算被放置在一个能量不受限的汇聚节点，所有普通节点将信息发送到该汇聚节点，这对于节点高密分布的网络，当节点数据需要采用多跳的方式或节点以成簇的方式处理数据时，其能量效率的改善并不明显。文献[2]讨论了在有节点失效与数据包丢失的情况下采用求平均值的融合算法实现数据预测，然而这种算法得到的是单一数据特征量，在降低网络能耗和提高数据融合精度方面并不理想。文献[3]提出采用联合概率模型的方法实现部分数据预测，该算法能够有效降低数据查询能耗，但模型的动态选取和更新存在诸多难题，导致其应用难度增大。

　　因此，无线传感器网络的数据预测首先得考虑数据预测模型的选取，要求所选取的数据预测模型在完成数据分析和处理时能耗代价相对较小；其次，预测数据对象的选取，在众多节点数据查询和预测中，选取哪些节点进行其数据预测，既能降低数据查询能耗，又能同时满足融合数据的精度，否则其预测机制失去意义。

9.2　节点数据预测模型的选取

从观测数据中学习归纳出系统规律，并利用这些规律对未来数据或无法观测到的数据进行预测，是进行数据挖掘一直关注的问题。回归分析是预测方法之一，其目的是找出数值型变量间的依赖关系，用函数关系式表达出来。回归分析可以进行因果预测，模型仅仅依赖于要预测的变量与其他变量的关系[4]。然而，回归方法总是预先假设数据的分布，建立特定的模型，再根据实际数据求取模型的参数值。模型是否能提供合理的预测主要在于自变量和因变量的分布是否符合模型，这对于随机分布的传感器节点以及其监测对象很难找到一种固定的分布模型。支持向量机（Support Vector Machine，SVM）是 Vapnik 等人根据统计学理论提出的一种新的通用学习方法。它是建立在统计学理论的 VC 维（Vapnik Chervonenks Dimension）理论和结构风险最小原理（Structural Risk Minimization Inductive Principle）基础上的，能较好地解决小样本、非线性、高维数和局部极小点等实际问题，已成为机器学习界的研究热点之一，并成功应用于分类、函数逼近和时间序列预测等方面。但是，SVM 的求解最后转化成二次规划问题的求解，其复杂的推导过程对于计算和能量有限的传感器节点，很难带来网络性能的明显改善。文献[5]提出基于神经网络的组合预报模型，把神经网络作为"组合器"，给出若干种预测方法的最佳组合，该方法在预测精度方面有较大提高，但其优化组合的参数选择很难确定，并且算法的运行需要较大的计算和处理功耗，因此该算法在无线传感器网络应用的可行性较差。

节点随机分布的无线传感器网络很难满足某种固定分布方式，如果使用已知概率分布的方法是不能够很好地实现数据处理的。在灰色系统理论于 1982 年诞生以后，邓聚龙教授于 1986 年首次提出灰色预测控制器的基本原理、基本结构和基本运作机理。灰色预测是通过系统已有的数据序列（白色），寻找系统发展规律，按照规律预测系统未来的数据（灰色）。灰色预测控制属于超前控制，区别于属于事后控制的传统控制方法，为控制理论的更新提出了一类新机制。GM（1，1）模型是灰色系统理论中最常用、最重要的一种灰色动态预测模型，也是灰预测控制所必须采用的模型，该模型由一个单变量的一阶微分方程构成，主要用于复杂系统某一主导因素特征值的拟合和预测，以揭示主导因素变化规律和未来发展变化态势，而建模精度直接影响控制效果。一直以来，对于 GM（1，1）模型及其建模特性有很多研究[6-8]。

GM（1，1）预测算法不要求关于数据概率分布的先验知识，是一种比较通用的辨识方法，同时，GM（1，1）预测算法与最小二乘法、自回归算法和支持向量机相比，没有复杂的递推过程，计算量小[9, 10]，使其适合对运算功耗要求非常严格的无线传感器网络作数据处理。

9.2.1　GM（1，1）基本模型

设有 $X^{(0)} = \{x^{(0)}(1), x^{(0)}(2), \cdots x^{(0)}(n)\}$ 非负时间的原始数据序列，将其作一次累加生成得到生成新的时间数据序列：

$$X^{(1)} = \{x^{(1)}(1), x^{(1)}(2), \cdots x^{(1)}(n)\} \tag{9.1}$$

其中 $x^{(1)}(k) = \sum_{i=1}^{k} x^{(0)}(i), k = 1, 2, \cdots n$。估计参数列

$$\hat{\boldsymbol{B}} = [\hat{a}, \hat{b}]^{\mathrm{T}} = (\boldsymbol{X}^{\mathrm{T}} \boldsymbol{X})^{-1} (\boldsymbol{X}^{\mathrm{T}} \boldsymbol{Y}) = \begin{bmatrix} \hat{a} \\ \hat{b} \end{bmatrix} \quad (9.2)$$

参数 $\hat{a}$ 和 $\hat{b}$ 分别称为发展灰数和内生控制灰数。其中

$$\boldsymbol{Y} = \begin{bmatrix} x^{(0)}(2) \\ x^{(0)}(3) \\ \vdots \\ x^{(0)}(n) \end{bmatrix}, \quad \boldsymbol{X} = \begin{bmatrix} -\dfrac{1}{2}[x^{(1)}(2) + x^{(1)}(1)] & 1 \\ -\dfrac{1}{2}[x^{(1)}(3) + x^{(1)}(2)] & 1 \\ \vdots & \vdots \\ -\dfrac{1}{2}[x^{(1)}(n) + x^{(1)}(n-1)] & 1 \end{bmatrix}$$

由文献[11，12]可知，数据序列预测值的 GM（1，1）白化形式为：

$$\hat{x}^{(1)}(k+1) = [x^{(0)}(1) - \frac{\hat{b}}{\hat{a}}]\mathrm{e}^{-\hat{a}k} + \frac{\hat{b}}{\hat{a}} \quad (9.3)$$

GM（1，1）全数据预测模型为：

$$\begin{cases} \hat{x}^{(1)}(1) = \hat{x}^{(0)}(1) \\ \hat{x}^{(0)}(k+1) = \hat{x}^{(1)}(k+1) - \hat{x}^{(1)}(k), \ k = 1, 2, \cdots, n-1 \end{cases} \quad (9.4)$$

在式（9.3）中，如果原始数据序列连续出现多个相同数据，计算得到的参数 $\hat{a}$ 可能为 0，此时，可以通过减少或增加原始数据个数，也可以根据前面预测精度给 $\hat{a}$ 赋一个极小的数据。当原始数据序列个数为 n，设需要预测的数据个数为 n_1，称式（9.4）计算得到的数据序列 $\hat{x}^{(0)}(1), \ldots, \hat{x}^{(0)}(n)$ 为还原数据，预测的数据序列为 $\hat{x}^{(0)}(n+1), \ldots, \hat{x}^{(0)}(n+n_1)$。

9.2.2　GM（1，1）预测数据的检验

灰色预测通过对原始数据的处理和灰色模型的建立，对系统的未来状态做出定量预测。然而模型的选择不是唯一的，必须经过检验才能判定其是否合理、合格。GM（1，1）预测算法的精度检验方法主要采用残差分析和后验差检验法[11]。设残差序列为 $\varepsilon^{(0)}$，其值为：

$$\varepsilon^{(0)} = \left\{ \varepsilon(1), \varepsilon(2), \ldots, \varepsilon(n) \right\} = \left\{ x^{(0)}(1) - \hat{x}^{(0)}(1), x^{(0)}(2) - \hat{x}^{(0)}(2), \ldots, x^{(0)}(n) - \hat{x}^{(0)}(n) \right\}$$

设原始数据序列的均值和方程分别为：

$$\begin{cases} \bar{x} = \dfrac{1}{n} \sum_{k=1}^{n} x^{(0)}(k) \\ S_1^2 = \dfrac{1}{n} \sum_{k=1}^{n} (x^{(0)}(k) - \bar{x})^2 \end{cases} \quad (9.5)$$

设残差的均值和方差为：

$$\begin{cases} \bar{\varepsilon} = \dfrac{1}{n} \sum_{k=1}^{n} \varepsilon(k) \\ S_2^2 = \dfrac{1}{n} \sum_{k=1}^{n} (\varepsilon(k) - \bar{\varepsilon})^2 \end{cases} \quad (9.6)$$

在此基础上，分别定义均方差比值为 $C = S_2 / S_1$ 和小误差概率 $p = P(|\varepsilon(k) - \bar{\varepsilon}| < 0.674\,5S_1)$。对于任意一个概率函数 $p_0 > 0$，当 $p > p_0$ 时，称该模型为小误差概率合格模型。文献[11]给出了常用的精度等级，如表 9.1 所示。

表9.1	预测数据的精度等级	
精度等级 ＼ 检验参数	P	C
良好	$P > 0.95$	$C < 0.35$
合格	$0.95 \geqslant P > 0.8$	$0.35 \leqslant C < 0.5$
勉强合格	$0.8 \geqslant P > 0.7$	$0.5 \leqslant C < 0.65$
不合格	$P \leqslant 0.7$	$C \geqslant 0.65$

9.2.3　动态 GM（1，1）模型

式（9.2）表明参数列 $\hat{\boldsymbol{B}} = [\hat{a}, \hat{b}]^{\mathrm{T}}$ 与真实数据关系密切，将式（9.3）代入到式（9.4）可以得到下式：

$$\hat{x}^{(0)}(k+1) = [x^{(0)}(1) - \frac{\hat{b}}{\hat{a}}](1 - e^{\hat{a}})e^{-\hat{a}k} \tag{9.7}$$

定义规定了数据序列为正数，即 $\hat{x}^{(0)}(k+1) > 0$，令 $G = [x^{(0)}(1) - \frac{\hat{b}}{\hat{a}}](1 - e^{\hat{a}})$，式（9.7）变为：

$$\hat{x}^{(0)}(k+1) = Ge^{-\hat{a}k} \tag{9.8}$$

显然，式（9.8）中如果发展灰数 a 为负，预测值将随预测次数的增加而增加；如果发展灰数 a 为正，预测值将随预测次数的增加而递减。采用 GM（1，1）模型进行数据预测时，如果模型的发展灰数 $|a|$ 较小且只作短期预测，其预测偏差很小，如果 $|a|$ 较大或作长期预测，其预测偏差较大[13-14]。显然，在完成对预测某个传感器节点的数据过程中，如果始终以固定的参数列 $\hat{\boldsymbol{B}}$ 来预测数据，将会降低预测数据的精度，甚至其预测数据完全不可靠性，因此，在一个较常的预测期间，有必要对预测模型的参数阵列进行动态修改。事实上，传感器检测的物理量在多数情况下数据在某一个范围内波动，即数据不会出现无限制的增加或者减少。动态 GM（1，1）处理技术通过在预测模型的数据源中输入新的数据序列，同时去除相同个数的陈旧数据并得到模型新的计算参数 $\hat{a}$ 和 $\hat{b}$，使模型具有一种自动的新陈代谢功能，从而使预测数据更加接近真实值。操作步骤如下：

第 1 步：完成预测任务的节点根据其 k_1 个历史数据，数据序列可表示为：

$$x^{(0)}(1), x^{(0)}(2), \cdots, x^{(0)}(k_1)；$$

第 2 步：根据 k_1 个原始数据，用式（9.4）和式（9.6）簇头预测出 m_1 个数据序列（$m_1 \leqslant k_1$）：

$$\hat{x}^{(0)}(k_1 + 1), \cdots, \hat{x}^{(0)}(k_1 + m_1)；$$

第 3 步：该节点重新接收一次真实数据 $x^{(0)}(k_1+1)$，同时根据第 2 步预测出数据 $\hat{x}^{(0)}(k_1+m_1+1)$；

第 4 步：比较 $x^{(0)}(k_1+1)$ 与 $\hat{x}^{(0)}(k_1+m_1+1)$，如果误差在允许范围内，则可返回第 2 步继续预测；反之，说明此时不能再使用现有参数列 $\hat{R}=[\hat{a},\hat{b}]^T$ 来预测数据，须计算新的参数列，返回第 1 步，此时预测节点只需 (k_1-1) 个真实数据，则式（9.4）调整为：

$$\begin{cases} x^{(1)}(k)=x^{(0)}(k) \\ \hat{x}^{(0)}(k+1)=\hat{x}^{(1)}(k+1)-\hat{x}^{(1)}(k) \end{cases} \tag{9.9}$$

其中：$k=k_1+1,k_1+2,\cdots,k_1+k_1$。

9.3 被预测节点的选取

预测机制实施的主要目的是减少数据查询频率，提高网络能量效率。如果任何普通节点都采用预测机制来实现其数据预测，减少的仅仅是节点感知能耗，但带来相对较大的计算能耗，进而使网络的能量效率得不到根本的改善。因此，要协同完成无线传感器网络数据预测任务的节点应当包括两类：一是具有预测功能的节点，另外一个是被预测的节点。结合第 3 章的分簇模型和第 4 章的节点分类机制，簇头负责分析簇内成员数据的特性并完成簇内数据融合，因此，簇头适合担任簇内数据的预测任务。与之相对应的是被预测的对象为簇内成员的感知数据。当节点具有较大的存储空间，能存储各个成员一段时间的感知数据时，簇头可以对簇内部分节点进行数据预测，其他节点则发送真实数据，最后由簇头对预测和真实数据进行融合，如果图 9.1（a）所示；当节点存储空间有限，只能保存簇头的部分融合数据时，则簇头只有根据其融合数据的变化规律，利用 GM（1，1）模型对该簇未来部分数据进行整体预测，如图 9.1（b）所示。

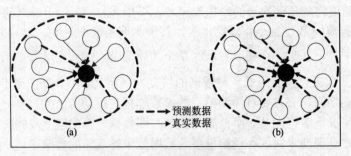

图 9.1 簇头的预测对象

在图 9.1（a）中，簇头在每轮进行预测后，其数据源包括两部分：真实数据和预测数据；而图 9.1（b）中，簇头每轮最终的融合数据仅仅是利用其前面几轮的融合数据进行预测得到的。针对图 9.1 中的不同预测模式，簇头数据融合的过程分别如图 9.2（a）和图 9.2（b）所示。在图 9.2（b）中，由于簇头对该簇数据进行整体预测，真实数据源减少，当前轮回得到的融合数据较前者相对较差，但不可否认的是，如果采用图 9.1（b）的预测模式，普通节点在下一个轮回中都可以进入休眠状态，能量节约较采用图 9.1（a）的模式显著。本章主要讨论簇头对部分成员数据进行预测，即图9.1（a）的预测模式。

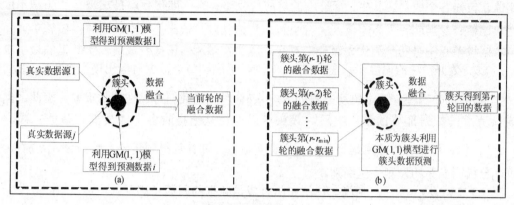

图 9.2 簇头的数据融合

9.4 被预测节点的调度控制

当无线传感器网络的应用不同时，其查询数据的实时性和精度要求也可能不同。在实时性要求较高的场合，且各节点感知数据误差均在容许范围内，如果采用固定节点的数据作为被预测对象，即指定某些节点参与预测，则真实数据源也将固定，导致长时间得不到某些子区域的真实数据，使簇头融合数据的有效性大打折扣。因此，在这种情况下应当考虑均匀分配预测任务，各普通节点有相等的被预测机会。相反，在实时性要求不高的场合且节点感知数据变化较大，如第 4 章中当节点感知数据综合支持度及其增量满足 $\beta < \varepsilon_1$ 且 $\Delta\beta < 0$，该节点数据在下一个轮回仍然可能变差，簇头完全没有必要再对该节点数据进行预测。在这种场景中，如果簇头均匀分配被预测节点，可能出现对支持度较差的节点数据进行预测，反而降低簇头融合数据的精度，带来不必要的能耗。为此，针对不同的应用，被预测节点的调度分为两类：顺序调度预测节点和选择性调度预测节点。

9.4.1 被预测节点的顺序调度

预测对象的顺序调度指通过簇内成员节点的轮流值守，用一部分节点的真实感知数据和部分节点的预测数据结合数据预测模型完成监测对象的数据融合，对应被预测的成员在预测周期中进入休眠状态以降低能耗。采用预测节点的顺序调度，一方面可以避免某些节点的数据多次预测而某些节点的数据没有被预测而造成节点能耗不均衡，另外一方面避免整个过程中簇头收到的真实数据源减少而带来融合数据可靠性降低。

设簇中存活的成员节点总数为 n，且各节点具有唯一的 ID 号：$s_1, s_2, \cdots, s_n$。设被预测的存活节点数目占总存活节点数目的比值为 υ，（$0 \leqslant \upsilon \leqslant 1$），则每轮各普通节点被簇头预测其数据的概率 p 满足 $p = \upsilon$。设 r_p 为预测的总轮回数，当 r_p 满足 $r_p = 1/\upsilon$ 时，各个普通节点都参与一次数据预测，从而实现预测节点调度的均匀性。

由前面预测模型分析可知，采用 GM（1，1）预测数据的前提是必须拥有少量的真实数据源。因此，在簇构建完成后，簇头必须接收并保存成员数据 3 轮以上。簇头通过分析成员数据的误差改变情况，由式（9.5）和式（9.6）计算得到的残差均值 $\bar{\varepsilon}$ 的大小确定成员预测的优先顺序： $z_1, z_2, \cdots, z_n$ ，并以此确定预测成员所占比值 υ ，最后由簇头将计算得到的优先级和比值 υ 告知各个成员。其中， $\bar{\varepsilon}$ 最小的对应优先级最高，即优先级最高为 z_1 。为减小广播能耗，比值 υ 对当前簇头为定值，只有当新簇头建立时，该比值重新确定并由新簇头通知其成员。假设节点编号和预测优先级一一对应，簇头在预测前所接收成员真实数据的最小次数为 $r_{\min}$ ，成员数据预测的调度示意图如图 9.3 所示。考虑到节点数据可能出现突变以及 GM（1，1）模型预测的单调性，动态更新参数列 $\hat{\boldsymbol{B}} = [\hat{a}, \hat{b}]^{\mathrm{T}}$ 对提高数据可靠性非常重要。因此，当每个成员节点的数据都被预测一次后，簇头可以考虑从新接收各个成员真实数据 r_n 次，且 $r_n \leqslant r_{\min}$ ，以便更新各节点本地最早的 r_n 个真实数据，并计算得到新的参数列 $\hat{\boldsymbol{B}} = [\hat{a}, \hat{b}]^{\mathrm{T}}$ ，同时可以分析得到新的预测优先级别。

图 9.3 中，设 $r_n = r_{\min}$ ，则簇头预测完所有成员数据的周期 T_c 满足：

$$T_c = r_{\min} + 1/\upsilon \tag{9.10}$$

式（9.10）中，对被预测的一组节点在周期 T_c 中只进行了一次预测。如果对每组被预测成员在周期 T_c 中连续进行 r_o 次预测， $1 \leqslant r_o \leqslant r_{\min}$ ，则式（9.10）可以改写为

$$T_c = r_{\min} + r_o/\upsilon \tag{9.11}$$

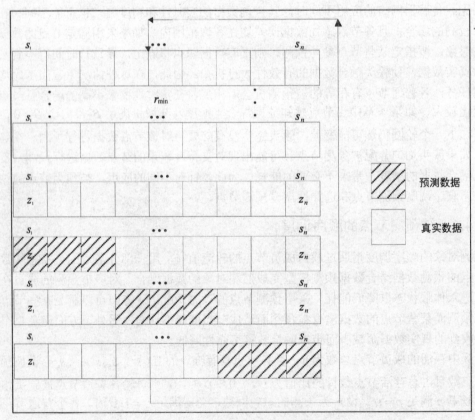

图 9.3　成员数据预测的调度示意图

在簇内数据的处理过程中，簇头首先收集其成员初始的真实数据，并确定被预测节点的优先顺序；簇内成员分别根据簇头所确定的优先级和参数 υ 的取值记录该簇总的工作轮回数

目，并根据自己的预测优先级确定自己在哪个轮回进入休眠状态以及休眠时段。簇头及其成员节点数据收发流程分别为图 9.4（a）和图 9.4（b）。

图 9.4 中，如果 $r_o \neq 1$，簇头利用式（9.4）一次性完成对应节点 r_o 个数据的预测，设当前轮回为 k，则被预测节点 n_i 的数据序列为 $x_i(k), x_i(k+1), \cdots, x_i(k+r_o-1)$。当簇头完成 r_o 轮回的数据融合后，开始对被预测节点的数据进行校验，如果均方差比值 C 和小误差概率 P 不满足精度要求，则簇头从下一轮回将该节点发来的新真实数据更换原有的数据序列，并重新计算得到新的参数阵列 $\hat{\boldsymbol{B}} = [\hat{a}, \hat{b}]^{\mathrm{T}}$。各成员节点通过计算其休眠时间与对应的分配时隙，如果节点休眠次数已到，则将在下一个轮回中向簇头发送真实数据，而数目相等的另外一组成员进入休眠状态。尽管簇内节点分布的随机性，成员与簇头通信距离不尽相同，但通过簇头与其成员的协同工作，在完成簇内部分数据预测的同时，尽可能均衡了节点的能量消耗。

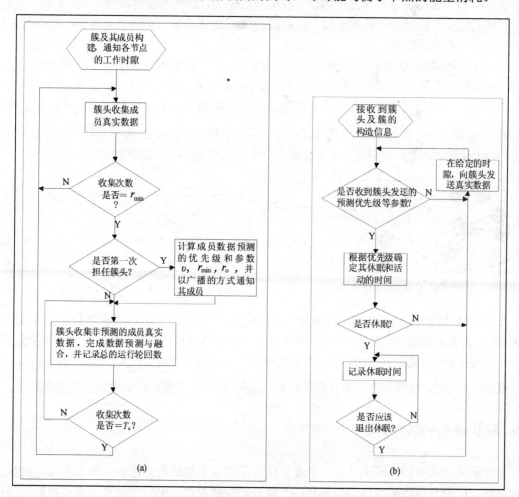

图 9.4　簇头及其成员数据收发流程

9.4.2　被预测节点的选择性调度

前面讨论了当节点测量误差较大或感知数据的波动性较大，在一段时间里，可能出现某些节点的综合支持度较低且其增量为负值，从第 8 章的分析可知，该类节点属于冲突节点，其感知数据被视为无效。显然，簇头对这类节点的数据进行预测已经失去意义。与冲突节点相对应的是冗余节点，由于其感知数据综合支持度高，簇头通知这些节点进入休眠状态。如果完全抛弃这些冗余节点的数据，在所有活动节点中可靠节点数据所占的比例减小，这可能导致簇头融合数据的精度降低。但如果通过簇头的 GM（1，1）预测模型，预测出冗余节点的感知数据，如图 9.5 所示。簇头将预测数据和其他活动节点的数据进行最后融合，将能提高数据的可靠性。

图 9.5 中，需要进行数据预测的必须是冗余节点。由于冗余节点活动/休眠的调度规则在节点分类时就已经确定，因此，簇头对冗余节点数据连续预测的个数 r_0 将由于分类时所确定的活动/休眠周期长度决定。设 v 为冗余节点休眠的轮回数，可知 $r_0 = v$，则在 v 个轮回中，该冗余节点的 r_0 个数据将有簇头负责预测。簇头对某一个成员节点的数据预测，所采用的原始数据序列均为该成员节点所发来的，与其他节点无关，因此簇头可以利用式（9.4）一次完成对该成员在 v 个轮回中的数据预测，从而减少簇头运算功耗。预测后的各冗余节点数据按时序先后参与簇头的融合过程。

尽管选择性调度所选取的被预测对象为冗余节点，但仍然要考虑 GM（1，1）模型预测的单调性，随着预测数据的增加，其均方差比值 C 和小误差概率 P 很可能不满足精度要求，因此在这种调度方式下，仍然需要考虑簇头对预测节点的原始数据序列进行更新，即更新参数阵列 $\hat{\boldsymbol{B}} = [\hat{a}, \hat{b}]^{\mathrm{T}}$。设节点 s_i 为其中一个冗余节点（i 为节点编号），其休眠/活动周期相同，均为 $v \times T_r$，其中 T_r 为一个轮回的时间。则簇头对冗余节点的数据预测与数据更新过程如图 9.6 所示。

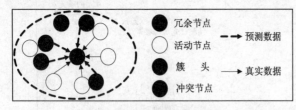

图 9.5　预测节点的选择性调度　　　　图 9.6　簇头对冗余节点的数据预测与数据更新过程

在节点分类的网络中，由于节点数据综合支持度是动态改变的，簇头在重新决策各成员节点类别时，需要重新接收成员数据，这些新的数据将更新各节点已有的数据序列。尽管可能存在簇头在预测冗余节点的数据后所得到的校验精度仍然满足给定的精度要求，但从 GM（1，1）短期预测的特性考虑，重新计算新的参数阵列 $\hat{\boldsymbol{B}} = [\hat{a}, \hat{b}]^{\mathrm{T}}$ 将有利于提高后续预测数据的精度。

9.5　簇头数据的融合处理

以分簇构建的网络，簇头其中一个重要任务是完成本簇的数据融合。簇头在每轮进行数据融合前，所拥有的数据源包括两部分：一部分是预测数据，另外一部分为真实数据。簇头采用何种方式完成数据融合对于提高簇头融合数据的精度至关重要。近年来，很多研究者先后提出了基于概率、最大似然估计等对冗余数据进行融合的方法[15-16]。然而这些算法对于数据的分布模型依赖性强，对于不确定的数据分布，其融合精度得不到保障。文献[17]提出了扩展加权平均法。当待融合数据为两个时，通过理论分析得到了加权系数；当有更多的数据参与融合时，通过数值仿真得到了该方法的各个加权系数，其数据融合的精度较最优加权法和最大似然估计法高。然而，如果将该算法用在传感器网络中，则必须解决加权系数的获取。

上面讨论了被预测节点的调度选择：顺序调度和选择性调度。在选择性调度中，无论是被预测节点还是发送真实数据的节点，都具有感知数据综合支持度。节点感知数据综合支持度反映了该节点数据与其他节点感知数据的关联性，综合支持度越高，说明该节点数据与其他节点数据的关联性越强；反之，关联性越弱。因此，簇头可以直接将各成员节点感知数据的综合支持度作为加权平均算法中对应的各个加权系数。文献[18]的作者提出根据节点感知数据综合支持度，剔除综合支持度小的节点数据，对保留节点的原始数据再采用最小二乘法进行融合，最终融合数据的精度比单独运用最小二乘法和极大似然法高。现对融合方法改进，设节点总数为 n，感知数据为 x_i $(i=1,\cdots,n)$，设各节点感知数据综合支持度为 β_i $(i=1,\cdots,n)$，则融合数据 y 可表示为：

$$y=\frac{\sum_{i=1}^{n} x_i \times \beta_i}{\sum_{i=1}^{n} \beta_i} \tag{9.12}$$

现以文献[18]给出的实验数据进行验证，实验数据如表 9.2 所示。

表 9.2　　　　　　　　　　　　　　**感知数据与方差**

传感器序号	1	2	3	4	5	6	7	8	9	10
感知数据 x_i	1.00	0.99	0.98	0.97	0.50	0.65	1.01	1.02	1.03	1.50
方差 σ_i^2	0.05	0.07	0.10	0.20	0.30	0.25	0.10	0.10	0.20	0.30

由式（8.1）至式（8.5）计算得到各个传感器感知数据的综合支持度 β_i $(i=1,\cdots,10)$ 为：1.000 0，0.994 3，0.978 1，0.943 7，0.070 2，0.242 9，0.989 3，0.978 1，0.943 7，0.070 2。根据计算获得的综合支持度，文献[18]的作者将节点编号为 5，6，10 的数据剔除，对剩余节点数据采用最小二乘法融合得到的数据为 0.999 4。在剔除通常的节点条件下，采用式（9.11）计算得到的融合数据为：

$$y=\frac{1.0\times1.0+0.99\times0.994\,3+0.98\times0.978\,1+0.97\times0.943\,7+1.01\times0.989\,3+1.02\times0.978\,1+1.03\times0.943\,7}{1.0+0.994\,3+0.978\,1+0.943\,7+0.989\,3+0.978\,1+0.943\,7}$$

$$=\frac{6.827\,15}{6.827\,2}=0.999\,993$$

相比之下，采用式（9.12）所得到的融合数据比文献[18]给出的融合数据精度更高。现将所有传感器节点数据代入式（9.12），计算得到最后的融合数据为：

$$y=\frac{\sum_{i=1}^{n} x_i \times \beta_i}{\sum_{i=1}^{n} \beta_i}=\frac{7.125\,4\,35}{7.210\,5}=0.98\,82$$

显然，剔除综合支持度较低的数据后的融合结果与全数据参与融合后的结果相比，前者融合数据的精度明显优于后者。从上面的计算结果和文献[18]的结果可以断定：剔除支持度低的数据源有利于提高融合数据的精度，并说明采用综合支持度作为数据融合的加权系数是可行的。

设簇中节点总数为 n。当簇头采用顺序调度的机制对其成员进行数据预测时，网络内节点没有分类，尽管存在不同的预测优先级别，但各节点的感知数据具有相同的被预测次数。当簇头完

成比值为 υ 的节点数据预测后，簇头拥有了总数为 n 的节点数据源 $x_i\ (i=1,\cdots,n)$。然而这些数据的关联性并不明确，无法进行数据融合。为采用式（9.12）所给出的融合算法，簇头需要根据第 8 章的算法计算其成员感知数据的综合支持度 $\beta_i\ (i=1,\cdots,n)$。为提高融合数据的精度，同样需要设置 ε_1，簇头根据 ε_1 决策出冲突节点，它们可能是活动的节点，也可能是休眠节点（数据被预测的节点），进而将冲突节点的数据剔除，簇头再利用式（9.11）完成最终数据融合。

当簇头进行选择性调度被预测节点时，被预测节点为冗余节点（本身也是可靠节点），其感知数据综合支持度高，而簇内其他活动节点都向簇头发送真实的感知数据。在当前轮回中，设冗余节点总数为 n_r，假设所有的冲突节点处于休眠状态，其数目为 n_L，则当前轮回中向簇头发送真实数据的节点总数 n_o 为 $n_o=n-n_r-n_L$。由于冗余节点其综合支持度高，而且对于节点分布密度高的场合，当综合支持度及其增量满足：$\beta_i>\varepsilon_2$ 且 $\Delta\beta_i>0$，在相同的感知覆盖重叠面积条件下，该节点成为冗余节点的优先级最高。因此，只要预测精度满足要求，可以将冗余节点被预测数据的综合支持度等同于其前面的感知数据综合支持度。由于节点分类情况是动态改变的，冗余节点在休眠周期结束后需向簇头发送真实的感知数据，簇头重新计算其感知数据综合支持度及其增量，并重新判定各成员的类别。在选择性调度被预测节点时，冲突节点不需要预测，更不需要参与数据融合，因此，当簇头完成冗余节点数据预测后，可以直接采用式（9.12）完成本簇最终数据融合。

9.6 仿真结果与性能分析

为评估所提出的算法性能，分别通过真实的实验数据和计算机仿真验证算法的可行性。验证分析包括两部分：第一部分通过真实数据验证簇头采用 GM（1，1）模型进行成员数据预测的有效性，第二部分验证采用数据预测机制的节点数据收集算法对于网络能耗及寿命的改善状况。

9.6.1 GM（1，1）预测算法的有效性评估

由于采用预测机制实现部分时段的簇内部分节点数据预测，以减少总的数据传送量进而达到减少数据收集能耗的目的。GM（1，1）数据预测模型是否有效决定了基于预测机制的节点数据收集算法的可行性。为此，我们首先验证 GM（1，1）预测算法的有效性。

现采用由重庆交通设计院提供的测量石马河大桥桥墩混凝土浇筑时的温度，温度测量白天 1 次/1 小时，夜晚 1 次/2 小时。现截取 24 小时内的温度测量值如表 9.3 所示。

表 9.3 　　　　　　　桥墩混凝土浇筑温度（℃）

时间 节点	2：00	04：00	06：00	07：00	08：00	09：00	10：00	11：00	12：00
A	89.55	92.05	92.58	93.11	93.11	93.11	93.11	93.11	93.11
B	90.52	94.78	97.77	97.77	97.77	97.77	95.36	95.36	97.15
C	103.25	99.05	97.15	97.15	97.15	96.54	97.15	99.05	97.77

时间 节点	13：00	14：00	15：00	16：00	17：00	18：00	20：00	22：00	00：00
A	93.11	92.58	92.58	92.58	92.58	92.05	91.53	91.02	90.03
B	97.15	94.78	95.36	95.94	95.94	94.78	94.21	93.66	93.11
C	97.77	97.15	97.15	96.54	92.05	95.36	95.36	94.78	94.78

现取节点 A 的 16 次采集的数据序列：

$$X_{A1}(0) = \{x^{(0)}(1), x^{(0)}(2), \cdots, x^{(0)}(15), x^{(0)}(16)\}$$
$$= \{89.55 \quad 92.05 \quad 92.58 \quad 93.11 \quad 93.11 \quad 93.11 \quad 93.11 \quad 93.11$$
$$93.11 \quad 93.11 \quad 92.58 \quad 92.58 \quad 92.58 \quad 92.58 \quad 92.05 \quad 91.53\}$$

第一轮取原始数据序列个数为 5，作累加生成新的序列，得到参数列 $\hat{\boldsymbol{B}} = [\hat{a}, \hat{b}]^{\mathrm{T}}$，经计算得到还原的模拟数数据，如表 9.4 所示。此时得到的均方差比值和小误差概率分别为：$C = 0.089\,5, P = 1$。由表 9.4 可以看出还原值与真实值非常接近，属于良好预测。现根据计算得到的参数阵列预测 $\hat{x}^{(0)}(6), \hat{x}^{(0)}(7), \hat{x}^{(0)}(8), \hat{x}^{(0)}(9)$ 数据，表 9.5 为真实数据与预测数据比较结果。

表 9.4　　真实数据与还原的模拟数据比较

真实值（℃）	89.55	92.05	92.58	93.11	93.11
还原值（℃）	89.55	92.15	92.52	92.90	93.26

表 9.5　　真实数据与预测数据比较

真实值（℃）	93.11	93.11	93.11	93.11
还原值（℃）	93.64	94.02	94.39	93.37

从表 9.5 可以看出，预测数据与真实数据比较接近，但误差越来越大，原因是 GM（1，1）的预测具有单调性且预测轮回较长，如果参数阵列维持不变，GM（1，1）预测的单调特性会进一步降低预测精度。因此，为提高预测数据的精度，需重新计算参数列 $\hat{\boldsymbol{B}} = [\hat{a}, \hat{b}]^{\mathrm{T}}$。现取 A 的第 6 和第 7 的两个真实数据更新原有数据序列前两个数据，并重新计算参数阵列，并预测两个数据。由于新的真实数据序列中出现了连续 4 个相同数据，计算得到的 $\hat{a}$ 为 0，上轮计算得到的参数 $\hat{a} = -0.004$，修订参数 $\hat{a}$ 的取值，直接令 $\hat{a} = -0.000\,04$，其运行结果如表 9.6 所示。

表 9.6　　还原和预测数据结果

原始数据（℃）	92.58	93.11	93.11	93.11	93.11	93.11	93.11
还原和预测数据（℃）	92.58	93.110 6	93.110 9	93.111 3	93.111 7	93.112	93.112 4

表 9.6 的结果中，第二行前 5 列为还原数据，最后两列为预测数据。新的均分差比值和小误差概率分别为：$C = 0.002\,7, P = 1$，检验结果属于良好。事实上，当原始数据呈现单调特性时，预测结果的精度通常高；然而，当原始数据序列出现凸型或凹型的数据变化特征，如节点 A 的第 9 个数据到第 12 个数据，使本身具有单调性质的 GM（1，1）在凸起部分的预测数据精度较差，导致整体精度下降。但只要及时更新参数阵列，预测数据与真实数据的误差依然能控制在要求的精度范围内。现分别对表 9.3 中的传感器节点 A、B、C 的数据采用 GM（1，1）预测。每节点的原始数据序列个数为 5，每预测 1 个数据后重新接收 1 个真实数据并更新各自的参数阵列，预测值与真实值比较结果如图 9.7 所示。

在图 9.7 中，真正进行数据预测的时间点为：第 6、8、10、12、14、16 和 18，其他时间点的数据是与原始数据序列对应的还原数据。由图 9.7 可以看出，当原始数据序列波动较小时，整个过程的预测数据非常接近真实数据，如节点 A，而当原始数据波动较大时如节点 C，预测精度相对较差，需及时更新原始数据序列并计算新的参数阵列。

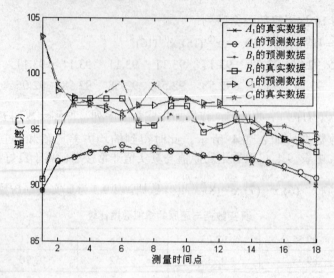

图 9.7　预测值与真实值比较结果

由表 9.5、表 9.6 和图 9.7 可知，采用动态修改 GM（1，1）模型的参数阵列表 $\hat{\boldsymbol{B}}=[\hat{a},\hat{b}]^{\mathrm{T}}$ 能够有效提高预测精度，这使簇头采用 GM（1，1）模型来实现其成员数据的预测具有可行性。

无线传感器网络的特点之一是节点数据多，且节点多数为随机分布，而此处用于监测桥墩不同的浇筑层面的传感器节点数量较少，不适合作网络性能分析。现采用第 4 章给出的节点温度数据的感知模型：

$$x_i(t)=20+15\times\frac{1}{\sqrt{2\pi}}\mathrm{e}^{-\frac{t^2}{2}}+wgn(1,1,-5)$$

设采样时间 t 取值区间为[-1，1]，采样时间步距为 0.02。假设簇头对被预测节点采用顺序调度。设普通节点总数为 $n=30$，$\upsilon=20\%$，设 $r_o=1$，即每个节点参与一次预测后向簇头发送真实数据。每节点的原始数据序列长度为 5，即 $r_{\min}=5$。由式（9.11）计算得到当所有节点完成一次预测的总轮回数为 5 轮，则 $T_c=5+5=10$ 轮。在 100 轮测试中，簇头采用基于感知数据综合支持度的数据融合算法完成本簇数据融合，预测机制和非预测机制的簇头数据融合结果对比情况如图 9.8 所示。

在图 9.8 中两条曲线中，除了在曲线顶端部分有明显偏离，而其他部分重叠非常明显，整体预测精度很高。现将 r_o 取值分别设为 1、2、3，簇头融合数据的对比情况如图 9.9 所示。

图 9.9 中，随着 r_o 的增加，在曲线顶端部分波动增加。这是由于顶端部分的原始数据不具备单调性，预测数据随着预测个数的增加，参数阵列 $\hat{\boldsymbol{B}}=[\hat{a},\hat{b}]^{\mathrm{T}}$ 没有及时更新，预测数据的精度下降，导致簇头融合数据的精度降低。

现修改预测调度机制，簇头只对冗余节点进行调度，并关闭冲突节点。假设节点分布在半径 $R=30$ m 的圆形区域，节点感知半径为 20 m。设 $r_{\min}=5$，$\varepsilon_1=0.4$，$\varepsilon_2=0.85$，令服务质量期望值 $Q=0.8$，$v=2$，即表示簇头每次完成冗余节点两个数据预测。由第 8 章式（8.11）计算得到 $n_r=4$，冗余节点为候选冗余节点的 25%，即 $\alpha=25\%$，不考虑覆盖重叠范围。在 100 轮测试中，簇头采用基于感知数据综合支持度的数据融合算法完成本簇数据融合，其融合结果与非预测机制的结果对比情况如图 9.10 所示。

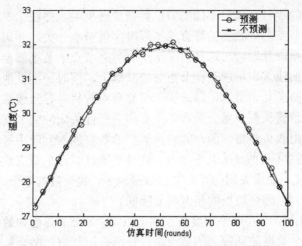

图 9.8　预测机制和非预测机制的簇头数据融合结果对比

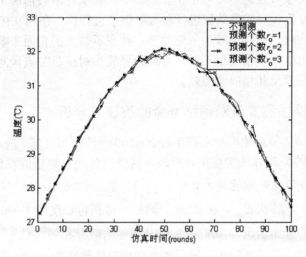

图 9.9　不同预测数据个数结果对比

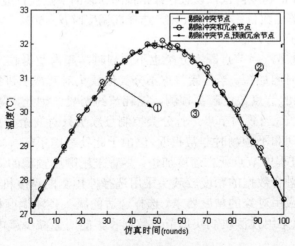

图 9.10　簇头融合数据的比较结果

图 9.10 中，3 条曲线分别代表不同的节点数据处理机制。曲线①表示簇头在完成每轮数据融合前，首先根据节点感知数据的综合支持程度实现节点分类，并周期性剔除冲突节点，簇头对剩余节点的数据进行融合。这种情况下所有可靠节点的数据都参与了融合，因此融合数据的可靠性较高。曲线②表示簇头在节点分类基础上，同时周期性地关闭冲突节点和冗余节点，数据融合时忽略了冗余节点，即减少了可靠节点数目，导致簇头的融合数据出现了较大的波动。曲线③表示簇头在节点分类基础上实施周期性关闭冲突节点和冗余节点，冗余节点在休眠期间其数据由簇头负责预测，并将预测后的数据加入到簇头每轮的融合任务中。从图 9.10 可以看出，曲线③和曲线①几乎重叠，这说明通过对冗余节点数据的预测能够改善融合数据的精度。事实上，如果关闭的冗余节点数量越多，簇头数据融合时可靠数据大大减少，则曲线②的波动会加大，融合数据的精度明显降低。

由图 9.8 和图 9.9 可知，在顺序调度被预测节点时，各个节点感知数据被簇头预测的概率相等。一旦簇头对一个数据波动较大的节点进行预测时，其整体融合精度可能会受到一定影响，但只要簇头的预测参数及时更新且不作长期预测，簇头在多数情况下都能得到一个精度较高的融合数据，这为簇头对成员数据进行预测提供了可行性。在图 9.10 中，簇头仅仅对可靠性很高的节点进行预测，弥补由簇头忽略的节点数据所带来的负面影响，提高簇头融合数据的精度。在实际应用中，根据应用不同，合理选择簇头对成员节点预测的调度方式，能够有效降低簇内数据收发量及其相应的能耗。

9.6.2　节点数据预测算法对网络寿命的验证与分析

设节点总数 $n = 500$，节点随机分布在半径 $R = 100\ \text{m}$ 的圆形区域，基站的坐标为（0，0），所有节点采用第 3 章的分簇算法实现拓扑管理，网络服务质量期望值 Q 最小为 0.8。设节点感知半径 $R_s = 10\ \text{m}$，各节点初始能量为 0.5 J，$\gamma = 2$，$E_{amp} = 0.659\ \text{nJ/m}^2/\text{bit}$，$E_{elec} = 50\ \text{nJ/bit}$，普通节点 $E_{cpu} = 7\ \text{nJ/bit}$，簇头 $E_{cpu} = 14\text{nJ/bit}$。通信中数据包长度为 1 000 bit，广播消息长度为 200 bit。节点与簇的分布情况与第 8 章图 8.19 所示的情况相同。设 $r_o = 2$，$r_{min} = 5$。考虑到距离基站较近的簇中成员数目较少，采用预测会使每轮簇头所拥有的真实数据明显减少，可能导致簇头融合数据的精度降低，设进行数据预测的簇的节点数目最少为 5。在顺序调度时，各簇顺序预测的节点数目比例 $\upsilon = 20\%$，选择性调度时 $\alpha = 50\%$。在不同方式下的节点死亡情况如图 9.11 所示。

从图 9.11 可以看出，当节点既不分类也不预测时，簇内数据收发量及能耗最大，因此第一个死亡节点的时间最短。当各簇节点不分类但簇头对其成员进行顺序预测时，在最外围的各簇中有 20%的节点数由簇头预测，能耗节约明显，因此，第一节点死亡时间比不预测的情况显著延长。当簇内节点进行分类控制且簇头只对冗余节点进行预测时，尽管第一个死亡节点的时间和不预测时非常相近，但由于此处考虑了簇头预测模型计算时的能耗，因此，在后续的过程中节点死亡速度加快。尽管采用顺序预测的调度机制所对应的网络寿命最长，但簇头融合数据的精度较簇头采用选择性预测的调度机制有所降低，因此，在实际应用时需结合应用对象的精度要求，选择合适的簇头预测调度机制。只要在满足精度要求的条件下，簇头采用预测机制实现节点数据收集能明显减少簇内通信能耗并延长网络寿命。

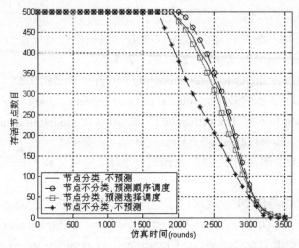

图 9.11　不同方式下的节点死亡情况

9.7　本章小结

本章提出了面向数据收集的节点感知数据预测算法。首先分析了节点感知数据预测机制对于减少通信量和改善网络能耗的重要性。其次，针对以簇构建的无线传感器网络拓扑及其节点的有限资源，讨论了 GM（1，1）的基本原理、特点及其预测数据的精度检验方法，给出了 GM（1，1）预测中动态更新参数阵列的基本步骤，并提出了簇头针对成员的预测模式，即部分成员的数据预测和簇头融合数据的整体预测。再次，针对簇头采用部分成员数据预测的模式，讨论了被预测对象的两种调度机制即顺序调度和选择性调度被预测节点，分析了两种调度机制的特点和簇头数据融合的处理方法。最后，通过大量的真实工程数据验证了基本 GM（1，1）预测模型的有效性和预测参数阵列更新的重要性）；针对不同的被预测节点调度机制由仿真验证了预测算法的可行性和两种调度机制的差异性，并分析采用预测机制的节点数据收集算法对网络能耗及寿命的影响。仿真结果表明，该算法能够有效减少簇内数据收发量，降低网络能耗并延长网络寿命。

参考文献

[1] Xue Wang，Sheng Wang，Jun Jie Ma，et. al. Energy-efficient organization of wireless sensor networks with adaptive forecasting [J]. Sensors，2008，8：2604-2616.

[2] J. Considine，F. Li，G. Kollios，J. W. Byers. Approximate aggregation techniques for sensor databases [C]. Proceedings of the 20th International Conference on Data Engineering，2004：449-460.

[3] Chu D，Deshpande A，Hellerstein JM，Hong W. Approximate data collection in sensor networks using probabilistic models [C]. Proceedings of the Data Engineering. IEEE Computer Society，2006：48-48.

[4] 郭水霞，王一夫，陈安. 基于支持向量机回归模型的海量数据预测[J]. 计算机工程

与应用，2007，43（5）：12-15.

[5] 张志明，程惠涛，徐鸿，等．神经网络组合预报模型及其在汽轮发电机组状态检修中的应用[J].中国电机工程学报，2003，23（9）：204-206.

[6] Deng Julong. Three stages for grey modeling and grey model：GM（1，1|τ，r），GM（1，1|tg（k-τ）p，sin（k-τ）p）[J]. The Journal of Grey System，2002，3：213-216.

[7] Guo Yifan, Deng Julong. The Influence of variation of modeling data on parameters of GM（1，1）model [J]. The Journal of Grey System，2004，1：29-34.

[8] 吉培荣，黄巍松，胡翔勇.无偏灰色预测模型[J]，系统工程与电子技术，2000，22（6）：6-8.

[9] 邓聚龙．灰理论基础[M]．武汉：华中科技大学出版社，2002.

[10] Jer Min Jou，Pei Yinchen，Jian Mingsun. The gray prediction search algorithm for block motion estimation [J]. IEEE Transactions on Circuits and Systems for Video Technology，1999，9（6）：843-847.

[11] 邓聚龙．灰预测与灰决策（修订版）[M]．武汉：华中科技大学出版社，2002.

[12] Chang Shih-chi，LAI Hsien-che，YU Hsiao-cheng. A variable P value rolling grey forecasting model for Taiwan semiconductor industry production [J]. Technological Forecasting & Social Change，2005，72（5）：623-640.

[13] Wang Qijie，Liao Xinhao，Zhou Yonghong，et al. Hybrid grey model to forecast monitoring series with seasonality [J]. Journal of Central South University of Technology，2005，12（5）：623-627.

[14] 谢乃明，刘思峰．离散 GM（1，1）模型与灰色预测模型建模机理[J]，系统工程理论与实践，2005，25（1）：93-98.

[15] Baek W，Bommareddy S. Optimal m-ary data fusion with distributed sensors [J]. IEEE Transactions on Aerospace and Electronic Systems，1995，31（3）：1150-1152.

[16] Yifeng Z，Leung H，Yip P C. An exact maximum likelihood registration algorithm for data fusion [J]. IEEE Transactions on Signal Processing，1997，45（1）：1560-1573.

[17] 唐琎，张闻捷，高琰，等．不同精度冗余数据的融合[J]．自动化学报，2005，31（6）：934-942.

[18] 刘建书，李人厚，常宏．基于相关性函数和最小二乘的多传感器数据融合[J]．控制与决策，2006，21（6）：714-717.

无线传感器网络：

路由协议与数据管理

封面设计：董福彬

人民邮电出版社
教学服务与资源网
www.ptpedu.com.cn

免费提供
PPT等教学相关资料

ISBN 978-7-115-31651-6

教材服务热线：010-67170985
反馈/投稿/推荐信箱：315@ptpress.com.cn
人民邮电出版社教学服务与资源网：www.ptpedu.com.cn

人民邮电出版社网址：www.ptpress.com.cn

ISBN 978-7-115-31651-6

定价：48.00 元

A MANUAL BOOK OF
HISTOLOGY
组织学实习指导（英文版）

Editor-in-Chief Zou Zhongzhi

主　编　邹仲之

人民卫生出版社
PEOPLE'S MEDICAL PUBLISHING HOUSE